AF261963

QU'EST-CE QUE

L'HOMME

MANUEL DÉMOCRATIQUE

DES DEVOIRS ET DES DROITS

ou

Paris

Paris.—Imprimerie J. Rinal & Cⁱᵉ, passage du Caire, 54

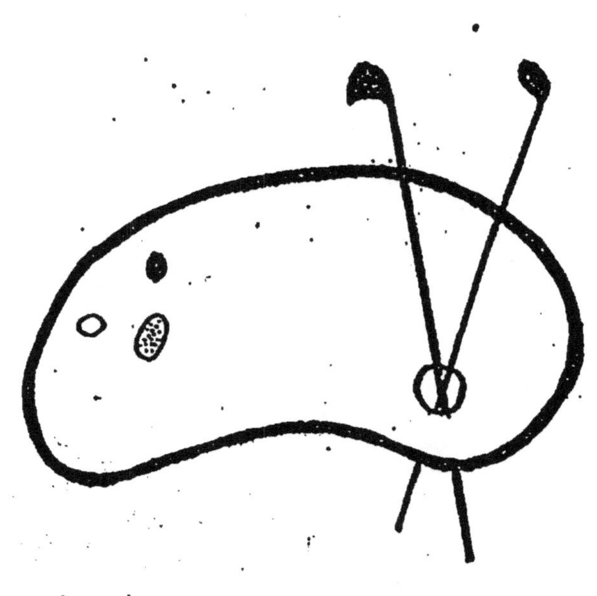

FIN D'UNE SERIE DE DOCUMENTS
EN COULEUR

QU'EST-CE QUE

L'HOMME

D'où vient-il? Où va-t-il?

MANUEL DÉMOCRATIQUE

DE SES DEVOIRS ET DE SES DROITS

PAR

F. PERRON

Rédacteur en chef du *Petit Caporal*.

PRIX : 50 CENTIMES.

SE TROUVE A PARIS

Chez H. GUÉRARD, rue de Rivoli, 156

ET CHEZ LES PRINCIPAUX LIBRAIRES

1878

BUT DE CET ÉCRIT

Rien n'est triste comme de voir les **plus** graves questions politiques, sociales, religieuses, livrées aux discussions de l'ignorance et des passions.

Cette manie de raisonner à tort et à travers des choses qu'on ne sait pas, jointe à notre malheureuse disposition à croire plutôt ceux qui nous flattent que ceux qui nous éclairent, est une des grandes causes de nos malheurs.

Il est difficile de nous guérir de ce vice originel que nous ont transmis les Gaulois, nos ancêtres ; mais il est possible de formuler sur ces questions des notions élémentaires, claires et précises, qui permettent à toutes les intelligences de s'en faire une idée juste.

Tel est le but de ce petit livre, qui manquait à l'éducation publique.

Il se résume dans les questions suivantes :

Qu'est-ce que l'homme ? D'où vient-il ? Où va-t-il ?

Quels sont ses droits, quels sont ses devoirs envers Dieu, envers lui-même, envers la société ?

Écrit sans prétention et dégagé de tout esprit de parti, ce manuel ne renferme que des principes et des faits incontestables.

C'est en quelque sorte, le catéchisme de la démocratie moderne, le contre-poison des doctrines au moyen desquelles ses faux prophètes l'égarent et la pervertissent.

MANUEL DÉMOCRATIQUE

DES DROITS ET DES DEVOIRS

DE L'HOMME

I

L'HOMME

L'homme est un animal intelligent et libre.

Il est d'autant plus homme qu'il est plus intelligent et plus maître de lui-même ; il se rapproche d'autant plus de l'animal ou de la brute, qu'il est plus ignorant, plus faible de caractère, plus esclave de ses passions.

L'homme se compose d'un corps et d'une âme, étroitement unis pendant la vie présente.

Leur union n'empêche cependant pas l'âme et le corps de vivre chacun de sa vie propre et de se développer l'un sans l'autre.

On voit souvent des esprits supérieurs unis à des corps débiles, de belles et fortes âmes dans des corps contrefaits, comme on trouve des âmes faibles et grossières dans les corps les mieux proportionnés et les plus vigoureux.

Le Corps.

Le corps est un ensemble d'organes dont chacun contribue pour sa part à l'entretien et au développement de la vie de l'homme ainsi qu'à la satisfaction de ses besoins.

Les os en sont comme la charpente qui soutient tout le reste ; leurs articulations se prêtent aux divers mouvements qu'exécutent les tendons et les muscles.

Le sang qui part du cœur et circule, au moyen des artères et des veines, à travers toutes les parties de l'organisme, y répand incessamment la nourriture et la vie.

Les poumons aspirent l'air et le mettent en contact avec le sang qui s'y purifie et s'y renouvelle.

L'estomac et les intestins reçoivent de la bouche les aliments qu'ils digèrent et dont ils ne retiennent que les parties nutritives.

La peau est percée d'une multitude de petits trous ou pores imperceptibles, par lesquels le corps transpire, en même temps qu'il absorbe les éléments de l'air qui complètent son alimentation.

Les nerfs, qui partent du cerveau et se ramifient jusqu'aux extrémités du corps, transmettent à l'âme les impressions qu'ils reçoivent et lui servent d'intermédiaire pour l'accomplissement de ses volontés.

En étudiant cette merveilleuse organisation du corps humain, il est impossible de n'être pas transporté d'admiration.

—

Le corps est, en outre, doué de cinq sens qui mettent l'homme en rapport avec les objets du dehors.

Le TOUCHER, qui réside dans toutes les parties de l'organisme, mais principalement dans les mains, par lequel l'homme perçoit la résistance des corps, leur poids, leur volume, le froid et le chaud.

Le GOUT, dont le siége est dans la bouche, sert à l'homme à distinguer la saveur des aliments qu'il mange et qu'il boit.

L'ODORAT, placé dans les narines, nous donne la sensa-
tion des odeurs, tout en avertissant le goût des propriétés bienfaisantes ou nuisibles des aliments avant qu'ils
entrent dans la bouche.

La VUE, dont les yeux sont l'organe, permet à l'homme
de percevoir la lumière, les couleurs, la forme des corps,
leurs proportions, leurs mouvements, leur distance, et
d'apprécier les beautés de la nature et de l'art.

Enfin l'OUIE, qui a son siége dans les oreilles, par lesquelles l'homme perçoit les sons, les bruits que font les
objets, les charmes de la musique.

Le langage dont l'homme se sert pour exprimer ses
pensées a pour organes, quand il est *parlé*, la bouche qui
profère les sons en les articulant et les oreilles qui les
entendent ; s'il est *écrit*, ses organes sont la main qui en
trace les caractères et les yeux qui les lisent.

Toutes les idées que l'homme se fait du monde extérieur se réduisent à des surfaces, des résistances, des
volumes, des formes, des mouvements, des couleurs, des
saveurs, des odeurs et des sons ; et ce n'est que par le
moyen des sens qu'ils les obtient.

L'homme privé de l'un quelconque de ces cinq sens ne
peut avoir aucune idée des propriétés physiques qui y
correspondent. Ainsi, l'aveugle ne saurait parler des
couleurs pas plus que le sourd ne peut juger des sons ;
c'est pourquoi les enfants qui naissent *sourds* restent
muets.

L'Ame.

L'âme est une force, une substance immatérielle, douée
de trois facultés fondamentales : la *sensibilité*, l'*intelligence*, l'*activité* ou la *volonté*.

Par sa SENSIBILITÉ, l'âme est unie aux différents organes de son corps, qui la mettent en rapport avec le
monde extérieur. C'est aussi par cette faculté que l'âme
éprouve le plaisir et la peine, l'amour et la haine, dans
l'ordre moral comme dans l'ordre physique.

La sensibilité est la source de tous les plaisirs et de toutes les peines.

Par son INTELLIGENCE, l'âme connaît ce qui se passe en elle et hors d'elle ; elle se souvient, elle raisonne, elle prévoit, elle compare, elle délibère.

L'intelligence est la *lumière* de l'homme.

Par sa VOLONTÉ, l'âme se détermine à l'action ; elle accomplit, tant en elle-même qu'au dehors, tous les actes que lui suggèrent sa sensibilité et son intelligence.

La *force* de l'âme est dans sa volonté.

——

La volonté unie à l'intelligence constitue la LIBERTÉ.

L'homme n'est libre qu'à la double condition d'agir sachant ce qu'il fait et de pouvoir agir ou n'agir pas à son gré. Il est donc d'autant plus libre que sa volonté est plus éclairée, plus indépendante, plus énergique.

Différence entre l'Ame et le Corps.

Par son corps et sa sensibilité physique, l'homme ressemble aux autres animaux ; il a les mêmes besoins, les mêmes instincts ; il ne s'en distingue que par une organisation plus complète et plus parfaite.

C'est par l'intelligence unie à la volonté que l'homme s'élève au-dessus de tous les êtres de la création, qu'il fait servir à son usage les animaux et les plantes, et que tous les éléments ; la terre, l'eau, l'air, le feu, deviennent les instruments de sa puissance.

C'est par son intelligence, unie à sa sensibilité morale, qu'il vit dans un monde supérieur à celui de la matière ; le monde de l'esprit, de la science, de la vérité, du bien et du beau, de la vertu et de l'art, qui sont la véritable atmosphère de l'âme humaine.

——

Les organes du corps se composent d'une multitude innombrable d'éléments divers, de molécules divisibles à l'infini et qui se renouvellent sans cesse.

Plusieurs fois pendant la vie ces éléments sont remplacés par d'autres éléments qui ressemblent aux premiers, mais qui ne sont pas les mêmes.

L'âme, au contraire, est une substance indivisible, une force unique, toujours la même au fond, depuis la plus tendre enfance jusqu'à la plus extrème vieilllesse.

La preuve en est dans la conscience de chaque homme, qui lui rappelle et lui attribue ce qu'il a senti, ce qu'il a dit, ce qu'il a fait, en bien ou en mal, à toutes les époques de sa vie.

A quatre vingts ans, il se considère comme l'auteur des bonnes ou mauvaises actions qu'il a faites à vingt ans, quoique son corps n'ait pas conservé une seule des molécules qu'il avait dans sa jeunesse.

Les facultés de son âme se modifient avec l'âge et les circonstances; mais la substance de l'âme, ce que chacun de nous appelle MOI, ne change pas; elle reste dans une identité absolue.

La Mort et l'Immortalité.

La mort est la séparation de l'âme et du corps; mais la mort n'anéantit ni le corps, ni l'âme.

Seulement, les molécules dont le corps était composé se dissolvent et retournent aux différents éléments terrestres d'où elles avaient été tirées. Aucune d'elles ne périt; toutes continuent de subsister sous une autre forme.

Aussi, loin d'être pour l'homme la fin de tout, la mort n'est même pas la fin des élémeuts de son corps.

L'âme, étant une force unique et indivisible, ne peut pas se dissoudre comme le corps; elle n'est pas plus anéantie par la mort que les molécules du corps; mais elle continue de vivre de sa vie propre, de la vie des esprits purs, dégagés de toute enveloppe matérielle.

1.

Comment admettre que l'âme périsse, quand on voit les œuvres de l'esprit, c'est-à-dire les découvertes de la science, les produits de la littérature et des arts, toutes les créations du génie, traverser les âges sans rien perdre de leur valeur ni de leur éclat ; tandis que tout ce qui est matériel dans les œuvres de l'homme se déforme, se décompose avec le temps et finit par disparaître ?

Est-il possible que les œuvres de l'âme portent le cachet de l'immortalité, et que l'âme elle-même soit condamnée à périr ?

———

La croyance que l'âme survit au corps, avec les facultés qui la constituent, est universelle ; on la retrouve à toutes les époques et chez tous les peuples.

Pourquoi ?

Parce qu'elle s'appuie sur le sentiment instinctif de l'homme qui répugne à la pensée de la destruction de son être, et qu'elle repose sur un des principes incontestables de la raison, qui se formule ainsi :

« Celui qui a fait le bien mérite récompense et celui qui a fait le mal doit être puni, en proportion du bien et du mal qu'ils ont faits. »

Ici bas, l'homme de bien n'est pas toujours suffisamment récompensé, ni le méchant puni proportionnellement à ses crimes.

Le plus grand acte de vertu est de mourir pour sa foi, pour son pays, pour le salut de ses semblables. Si la mort était la fin de tout, quelle serait la récompense des plus sublimes dévouements ? Quel serait aussi le châtiment du méchant qui meurt en commettant son plus grand forfait ?

———

La *satisfaction* du devoir accompli ne suffit pas plus pour récompenser dignement l'homme de bien que le remords pour punir le criminel. La satisfaction qui résulte de la vertu diminue par l'habitude de la pratiquer, comme le remords s'émousse par l'habitude de faire le mal.

Si donc cette satisfaction était l'unique récompense de l'homme vertueux et le remords l'unique châtiment du coupable, le plus méritant serait le moins récompensé et le plus scélérat serait le moins puni ; ce qui renverserait tous les principes de la justice et de la raison.

En vain chercherait-on dans l'*opinion publique* une récompense suffisante pour l'homme de bien et un juste châtiment pour le méchant.

N'est-il pas vrai que la vertu est d'autant plus pure et plus méritoire qu'elle est plus modeste, que ses œuvres sont plus cachées ? Et ne sait-on pas que les plus odieux criminels sont ceux qui couvrent leur scélératesse du manteau de l'hypocrisie ?

———

Faire consister l'âme, comme le font les matérialistes, dans la partie centrale du cerveau où tous les nerfs aboutissent, c'est confondre l'instrument avec celui qui s'en sert, la machine avec le mécanicien.

D'ailleurs, est-il possible, sans choquer le bon sens, de prétendre que l'âme, qui est une force unique, indivisible, toujours la même, ne soit autre chose que le cerveau, qui est composé d'une multitude de parties, dont chacune est divisible à l'infini, et qui se renouvellent incessamment ?

La doctrine des matérialistes est donc, à la fois, contraire aux instincts de la nature humaine, aux principes de la justice, aux lois fondamentales de la raison.

———

Elle est également *avilissante* pour l'homme qu'elle fait descendre au rang des brutes, en lui enlevant la partie la plus noble de son être pour ne lui en laisser que la partie la plus grossière.

Cette doctrine n'est pas moins *désespérante*.

Sur quoi s'appuiera l'homme pour supporter résolûment les innombrables souffrances de la vie, pour se dévouer au bien, résister à ses passions, accomplir ses devoirs envers les siens, envers son pays, s'il n'est qu'un composé de matière; si, après cette courte existence, il n'a rien à espérer que le néant pour lui-même comme pour les êtres qui lui sont chers?

Et, alors, que deviendra le progrès de l'espèce humaine? Qui serait assez insensé pour y travailler? Quelle science, quelle religion, quelle patrie aurait encore ses martyrs?

Vivre comme l'animal, pour satisfaire ces appétits sensuels, tel est le seul code de la morale matérialiste!

———

Quand on pense qu'aujourd'hui les apôtres de cette désolante doctrine s'efforcent de la répandre principalement parmi les masses, pour lesquelles le fardeau de la vie présente est si lourd et qui ont tant d'intérêt à croire à une vie meilleure, on ne trouve pas de termes assez forts pour les flétrir.

Combien le christianisme se montre plus consolant et plus vrai, en réservant spécialement les béatitudes du ciel pour les déshérités de la fortune, pour ceux qui souffrent injustement ici-bas!

« Il y a un malheur dans notre temps, a dit Victor Hugo, c'est une certaine tendance à tout mettre dans cette vie. En donnant à l'homme pour fin et pour but la vie terrestre et matérielle, on aggrave toutes ses misères, on ajoute à l'accablement des malheureux le poids insupportable du néant; et, de ce qui n'était que la souffrance, c'est-à-dire la loi de Dieu, on fait le désespoir, c'est-à-dire la loi de l'enfer.

« Combien s'amoindrissent nos misères finies quand il s'y mêle une espérance infinie!

« Notre devoir à tous, c'est de faire lever toutes les têtes vers le ciel, de diriger toutes les âmes, de tourner toutes les attentes vers une vie ultérieure où justice sera rendue.

« Disons-le bien haut : personne n'aura injustement ni inutilement souffert. La mort est une restitution. La loi du monde matériel, c'est l'équilibre ; la loi du monde moral, c'est l'équité. Dieu se retrouve à la fin de tout.

« Ne l'oublions pas, et enseignons-le à tous : Ce qui allége le labeur, ce qui sanctifie le travail, ce qui rend l'homme fort, bon, sage, patient : c'est d'avoir devant soi la perpétuelle vision d'un monde meilleur.

« Quant à moi, j'y crois profondément ; il est pour moi bien plus réel que cette misérable chimère que nous appelons la vie ; il est la suprême certitude de ma raison, comme il est la suprême consolation de mon âme. »

II

DIEU

—

S'il est incontestable que l'homme ne finit pas avec cette vie, il ne l'est pas moins que son existence a eu un commencement.

Elle lui a, sans doute, été transmise par ses parents, comme ses parents avaient reçu la leur des générations qui les ont précédés ; mais, quel que soit le nombre des générations dont se compose l'espèce humaine, toutes ont commencé et aucune d'elles n'a pu se donner l'être ou se créer elle-même.

Aussi loin qu'on remonte dans les temps, il faut donc toujours arriver à une puissance créatrice supérieure, dont la première famille humaine ait reçu l'existence qu'elle a transmise aux générations suivantes.

Un des principes fondamentaux de la science et de la raison c'est que : « Il n'y a pas d'effet sans cause. » Les générations humaines, étant toutes des effets, puisqu'elles ont toutes commencé, ne peuvent avoir reçu l'être que de la cause première de toute existence.

Le même raisonnement s'applique aux différents êtres de l'univers : aux animaux, aux plantes, à la terre elle-même, aux astres qui peuplent l'espace, à tout ce qui n'a point en soi la puissance créatrice. Tant que la raison n'a pas trouvé l'Être suprême, celui qui préexiste à tout et qui possède la plénitude de l'être, elle n'est pas satisfaite.

Or, cet Être suprême, qui n'a ni commencement ni fin, qui possède la puissance infinie, et dont tous les êtres limités découlent comme les eaux de leur source, c'est Dieu.

Aux yeux de la raison, Dieu n'est pas seulement la puissance créatrice du monde, il en est encore l'organisateur et le régulateur.

Comme il y a dans l'homme, les animaux, les plantes, dans chacun des êtres de l'univers et dans leur ensemble la plus parfaite harmonie, la raison est forcée d'attribuer à l'auteur de cet ordre merveilleux une intelligence égale à sa puissance, c'est-à-dire infinie.

Car, s'il est incontestable qu'il n'y a pas d'effet sans cause, il ne l'est pas moins que toute œuvre bien ordonnée doit émaner d'une l'intelligence supérieure à cette œuvre. On ne peut concevoir la montre sans l'horloger, ni l'édifice sans l'architecte.

Or, cette intelligence, qui a si admirablement organisé les êtres du monde et qui les maintient en un si constant accord par des lois immuables, cette intelligence infinie, cette sagesse parfaite, cette raison suprême s'appelle LA PROVIDENCE.

Dieu nous apparaît donc, à la fois, comme *puissance créatrice* et comme *Providence*.

C'est aussi sous ce double point de vue que tous les peuples l'ont proclamé. La croyance à un Dieu créateur et régulateur du monde se retrouve, en effet, dans tous les lieux et dans tous les temps.

Elle a été plus ou moins grossière, plus ou moins rationnelle, selon le degré de civilisation des peuples; mais ceux mêmes qui admettaient plusieurs dieux, n'en étaient pas moins convaincus de l'existence d'un dieu supérieur, dont tous les autres dépendaient comme autant de ministres de sa volonté.

L'unité de l'ordre qui se révèle dans toutes les parties de l'univers ne permettait pas à la raison humaine, quoique dans l'enfance, de ne pas attribuer cet ordre à une puissance *unique*.

« Il me paraît absurde, dit Voltaire, de faire dépendre l'existence de Dieu de principes scientifiques. Où en serait le genre humain s'il fallait étudier les sciences pour connaître l'Être suprême ? Celui qui nous a créés tous doit être manifeste à tous, et les preuves les plus communes sont les meilleures, par la raison qu'elles sont communes. Il ne faut que des yeux pour voir le jour.

« Dieu a mis à notre portée tout ce qui est nécessaire pour nos moindres besoins. La certitude de son existence est notre besoin le plus grand.

Si Dieu n'existait pas il faudrait l'inventer.

« Je méditais cette nuit; j'admirais l'immensité, le cours, les rapports de ces globes infinis que le *vulgaire* ne sait pas admirer. — J'admirais encore plus l'intelligence qui préside à ces vastes ressorts. Je me disais : il faut être aveugle pour ne pas être ébloui de ce spectacle; il faut être stupide pour ne pas en reconnaître l'auteur; il faut être fou pour ne pas l'adorer. »

La Religion.

Entre l'homme et Dieu, considéré comme son créateur et sa providence, il existe les mêmes rapports que ceux qui se trouvent entre l'ouvrier et son œuvre, entre le père et ses enfants.

Et ce n'est pas seulement par son origine que l'homme se rattache à Dieu, il y tient non moins étroitement par sa destinée ; car il sent que, s'il vient de Dieu, c'est à Dieu qu'il doit retourner. Ce n'est que dans la sagesse, la justice et la bonté divines qu'il trouve le complément de son existence immortelle.

La religion est donc l'ensemble des rapports qui rattachent l'homme à Dieu dans la vie présente et dans la vie future ; c'est le pont jeté sur l'abîme qui sépare les deux moitiés de notre existence et que tout homme est heureux de rencontrer aux approches de la mort.

———

Il n'est pas plus possible à l'homme de se passer de religion qu'à l'arbre de vivre sans ses racines ou au fleuve de se séparer de sa source.

Les athées, ceux qui ne croient pas en Dieu, sont plus rares qu'on ne pense. Ils veulent se donner pour des *esprits forts ;* ce ne sont, au contraire, que des esprits faibles et superficiels, qui s'arrêtent aux apparences sans aller jusqu'à la réalité, aux effets sans remonter aux causes, ou des âmes corrompues qui ont le même intérêt à supprimer Dieu que les malfaiteurs à voir disparaître les juges et les gendarmes.

Les plus grands génies de l'humanité se sont fait gloire de croire en Dieu et de célébrer ses œuvres. C'est un des plus savants hommes de son époque qui a dit : « Une science superficielle peut nous éloigner de la Divinité, mais une science approfondie nous y ramène. »

———

L'athéisme et le matérialisme marchent généralement ensemble ; ces deux désolantes doctrines se complètent l'une par l'autre.

Elles ont les mêmes causes : l'ignorance, les passions, la corruption de l'esprit et du cœur.

Elles aboutissent au même résultat qui est de dégrader l'homme ; l'athéisme, en le séparant de Dieu, source unique du vrai, du bien et du beau ; le matérialisme, en supprimant l'âme qui seule élève l'homme au-dessus des autres créatures.

Ainsi dégradé, l'homme est véritablement descendu au rang des plus vils animaux; c'est pour cela, sans doute, que les disciples du premier athée, du premier matéria-liste connu dans l'histoire, s'appelaient eux-mêmes : « Les pourceaux d'Épicure. »

C'est surtout aux époques de corruption et d'abaisse-ment, quand il serait urgent de relever les cœurs et de fortifier les âmes, que ces fatales doctrines répandent plus largement leur poison. Rien ne résiste alors à leur action dissolvante. Aussi le premier devoir de toute société qui ne veut pas périr est-il de les rejeter de son sein comme une peste mortelle.

III

LA SOCIÉTÉ.

—

La Société est l'union des hommes entre eux pour s'aider réciproquement.

L'homme n'est pas fait pour vivre seul. Isolé, il est faible, incapable de conserver son existence et de déve-lopper ses facultés; il n'est fort, il ne se développe et ne se perfectionne qu'en s'unissant à ses semblables.

Toutes les facultés de l'homme, tous ses instincts, tous ses besoins réclament l'état social.

De même que les différents membres du corps ne peuvent vivre séparés de lui, de même aucun homme né peut vivre hors de la société.

La société n'est donc pas le résultat d'une convention volontaire; elle est *naturelle* et *nécessaire* à l'homme.

—

La première société humaine a été la première famille, composée du père, de la mère et des enfants.

Plusieurs familles vivant ensemble ont formé une tribu, plusieurs tribus ont formé un peuple.

En se multipliant, les premiers hommes ont été obligés, pour subvenir à leurs besoins, de se séparer et de se répandre sur la surface de la terre.

Il en est résulté les diverses nations du monde.

—

Par suite de la différence du climat, de la nature et des productions du sol qu'elles habitaient, ces nations oublièrent peu à peu leur origine commune; chacune d'elles eut ses lois, ses mœurs, sa langue à part, et la guerre ne tarda pas à éclater entre elles.

De là l'agrandissement des unes, l'affaiblissement, l'esclavage ou l'extermination des autres.

Depuis lors, malgré les progrès de la civilisation qui adoucit les mœurs et les enseignements de la religion qui nous dit que tous les hommes sont frères, la guerre n'a pas cessé d'être un des plus terribles fléaux de l'humanité.

—

Aucune société n'est possible sans un *chef* qui la maintienne unie et la dirige; sans des *lois* qui déterminent les droits et les devoirs de chacun de ses membres; sans une *force* qui la protége.

Le chef des premières sociétés a été le père de famille d'abord, ensuite l'aîné des enfants.

Quand les familles se sont multipliées et ont formé des tribus, des peuples, elles ont mis à leur tête celui qui s'était montré le plus capable de les conduire et de les défendre; le plus fort, le plus brave ou le plus habile.

Ensuite le pouvoir se transmit par l'hérédité, soit que le chef prit ses mesures pour le faire passer à ses enfants, soit que les peuples comprissent que les descendants d'un sang généreux étaient plus à même que tous les autres de les commander.

En déterminant les droits de chacun des membres de la société, les lois ont eu principalement pour objet de les protéger les uns contre les autres et contre les caprices de leurs chefs.

Les premières lois des sociétés ont été dictées par le bon sens. Elles dérivaient de ce double principe du droit naturel : « Ne pas faire aux autres ce que nous ne voudrions pas qu'ils nous fissent; faire pour eux ce que nous voudrions qu'ils fissent pour nous. »

Ces lois, dans le principe, n'étaient ni formulées par écrit, ni réunies en code; c'étaient des règles de conduite puisées dans la conscience et conservées par la tradition.

La force a toujours été nécessaire pour assurer le respect des lois, pour protéger les sociétés contre les perturbateurs du dedans et les ennemis du dehors.

Au commencement, cette force résidait dans chacun des membres de la société; tous, jusqu'aux femmes, s'armaient pour la défense commune.

Ce ne fut que plus tard, par suite de la multiplication des besoins et de la division du travail, que la force armée se distingua de la masse de la nation et passa aux mains de ceux que leur âge, leur tempérament, leur position y rendaient les plus aptes.

La nation entière ne reprend les armes que quand il

s'agit de triompher ou de se venger d'ennemis contre lesquels elle a besoin de tous ses cœurs et de tous ses bras.

Telle est aujourd'hui la situation de la France.

IV

LA FRANCE

—

La France est cette contrée de l'Europe qui a pour limites géographiques ou naturelles la chaîne des **Alpes** à l'est, l'Océan à l'ouest, le Rhin et la Manche au nord, les Pyrénées et la Méditerranée au sud.

Ces limites ont été tracées par Dieu lui-même, elles forment comme les bords du bassin de la France.

—

Les événements de la guerre et de la politique ont souvent déplacé les limites de la France.

Quand elle s'appelait la *Gaule*, avant et pendant la conquête des Romains, elle occupait tout l'espace compris dans ses limites naturelles.

Sous les premiers rois francs, elle fut tantôt partagée en plusieurs royaumes, tantôt réunie en un seul.

L'empire de Charlemagne comprenait, avec la France, presque toute l'Allemagne, la plus grande partie de l'Italie et le nord de l'Espagne.

Sous les descendants de Charlemagne, la France rentra dans ses limites naturelles et ne tarda pas à être de nouveau morcelée.

Mais, depuis l'avénement de la dynastie des Capétiens, les rois de France travaillèrent sans cesse a reconstituer son unité, en rattachant successivement au centre les différentes parties que les événements en avaient séparées.

Ce ne fut cependant qu'à l'époque de sa grande révolution, après les victoires du général Bonaparte en Italie, que la France reprit possession de ses limites naturelles.

Elle ne tarda pas à les franchir. Sous Napoléon Iᵉʳ, l'empire français s'étendit encore plus loin que sous Charlemagne.

Nos défaites de 1814 et de 1815 réduisirent la France à des limites plus étroites qu'avant la Révolution.

La dernière guerre d'Italie lui rendit la Savoie et le comté de Nice; mais ses désastres, en 1870—1871, et les hommes du 4 Septembre lui ont fait perdre momentanément l'Alsace et une partie de la Lorraine.

———

La situation de la France, la douceur de son climat et la diversité des races qui l'habitent, expliquent à la fois le caractère de ses habitants et l'importance de son rôle dans le monde.

Assise sur les deux mers, elle peut étendre ses relations jusqu'aux extrémités du globe; sa position centrale, au milieu des plus grandes nations de l'Europe, lui permet d'exercer sur elles une influence incessante.

Son sol fécond, divisé en trois zones; du nord, du centre et du midi, produit abondamment les richesses agricoles des contrées les plus diverses, et la merveilleuse aptitude de ses enfants pour la science, l'industrie, les arts, lui a fait une place privilégiée parmi les nations.

Elle peut non-seulement se suffire à elle-même, mais encore trouver, dans la surabondance de ses produits en tout genre, de quoi fournir aux autres une partie de ce qui leur manque.

———

La Gaule a été d'abord habitée par des peuplades venues de l'Asie, berceau du genre humain. Les unes, pénétrant par l'Allemagne, se sont fixées au nord et au centre du pays; les autres, venant de la Grèce, de l'Italie et de l'Espagne, se sont établies dans le midi.

Bientôt la population de la Gaule, se trouvant trop resserrée dans ses limites, se répandit au dehors. Une partie franchit les Alpes et se fixa dans cette contrée de l'Italie qu'on nommait la *Gaule cisalpine;* une autre s'établit sur les bords du Danube; une autre pénétra jusqu'en Asie où elle fonda le royaume des *Galates;* une autre, enfin, passa en Angleterre et se fixa dans la contrée qu'on nomme le pays de *Galles.*

Quelques années avant Jésus-Christ, les Romains, qui avaient entrepris la conquête du monde, s'emparèrent du midi de la Gaule, dont ils firent une de leurs *provinces*, qui s'appelle encore aujourd'hui la *Provence.*

Plus tard, César subjugua la Gaule entière, après une lutte sanglante qui dura dix ans.

La Gaule conquise ne fut plus qu'une partie du grand empire romain, auquel elle resta unie pendant cinq siècles et dont elle accepta les lois, l'administration, l'organisation militaire et même la langue.

Au démembrement de l'empire romain, la Gaule fut envahie par des peuples venus du nord, qui, sous les noms de Goths, de Vandales, de Huns, de Bourguignons, de Francs, la ravagèrent en tous sens et dont la plupart s'établirent sur différents points de son sol.

Parmi ses envahisseurs à demi barbares, les plus forts, les plus courageux, les plus habiles, c'est-à-dire les Francs, parvinrent à soumettre tous les autres. Ils s'emparèrent de la Gaule entière qui, dès lors, s'appela *France,* du nom de ses conquérants.

Le mélange de tant de peuples étrangers avec les habitants du pays n'a pu changer complétement le caractère primitif de la race gauloise; nous sommes encore aujourd'hui ce qu'étaient nos ancêtres du temps de César: braves, impétueux, avides de gloire, d'aventures et de beaux discours, inconstants et vaniteux, difficiles à gouverner.

Cependant notre caractère national n'a pu échapper à l'influence de tant d'éléments divers.

Les Grecs, établis dans le midi de la Gaule, nous ont donné le goût du luxe, des arts et nous ont initiés aux délicatesses de l'esprit.

Les Romains nous ont transmis ce besoin d'unité qui caractérisait leur législation et leur administration, en même temps qu'ils nous imposaient leur langue, dont le français est encore la reproduction la plus fidèle.

Les Bourguignons, les Francs, les Normands nous ont communiqué quelque chose de leur prudence, de leur sang-froid, de leur fermeté.

Parmi les nations de l'Occident, c'est la Gaule qui se convertit une des premières au christianisme. Le degré de civilisation auquel elle était parvenue ne lui permettait plus de croire aux fables du polythéisme romain, pas plus qu'aux sanglantes et grossières traditions des druides.

D'un autre côté, ses sympathies naturelles pour tout ce qui est généreux, la disposaient en faveur d'une religion, dont les dogmes et la morale s'accordent si bien avec les exigences de la raison, avec les plus nobles instincts de la nature humaine.

Moins de deux siècles après l'arrivée en Gaule de ses premiers apôtres, cette illustre nation était entièrement chrétienne.

Dès lors, la France n'a pas cessé d'être le foyer le plus lumineux, le bouclier le plus puissant, le porte-voix le plus retentissant de la foi du Christ.

Ni les persécutions des empereurs payens, ni les invasions des Barbares, ni les efforts de l'hérésie n'ont pu détacher la France de l'unité de cette grande Église dont elle se fait gloire, à juste titre, d'être la *fille aînée*.

Elle força ses conquérants à embrasser sa foi et ses chefs les plus illustres à la défendre. C'est elle qui conçut la première idée des croisades; c'est la France qui se mit à leur tête, entraînant tout l'Occident chrétien contre l'Orient mahométan dans ces luttes gigantesques, qui ont mis en rapport les peuples les plus divers et si puissamment contribué au réveil de la civilisation.

Rome, ne pouvant plus être la capitale politique du monde, c'est la France qui a voulu qu'elle en devînt la capitale religieuse; c'est elle qui, depuis mille ans, n'a cessé d'y protéger l'indépendance de la papauté. Il n'a fallu rien moins que nos derniers désastres pour que cette protection manquât un instant au chef de la catholicité.

—

Sous le rapport des sciences, des lettres, des arts, la France n'a pas moins brillé parmi les nations que sous le point de vue re'igieux.

Ses premiers évêques comptent parmi les plus illustres pères de l'Église; c'est principalement dans ses couvents qu'au milieu des guerres et de la barbarie du moyen âge, se sont conservés les monuments de l'ancienne civilisation et que s'est préparée la renaissance des lumières; ce sont ses moines intrépides qui, tout en défrichant son sol dévasté par les Barbares, fournissaient au christianisme ses plus éloquents missionnaires; c'est dans ses universités célèbres que les étudiants de l'Europe entière venaient puiser l'enseignement qu'ils répandaient ensuite dans les contrées les plus lointaines.

Il n'est aucun art, aucune science où la France n'ait brillé au premier rang. D'autres nations ont pu l'égaler dans certaines carrières; aucune ne l'a surpassée. Elle l'emporte sur toutes par l'universalité de sa gloire.

Quelle nation peut se vanter d'avoir produit autant de penseurs, de savants, d'écrivains, de poëtes, d'artistes, d'orateurs, de législateurs, d'hommes d'Etat et d'hommes de guerre de premier ordre?

Aucune grande chose ne s'est faite dans le monde que la France n'y ait pris part, soit en l'inspirant, soit en y concourant, soit en l'accomplissant elle-même.

Elle a été, elle est encore l'*ouvrier et le soldat de Dieu.*

—

Après avoir été allumé en Orient, puis transmis de la Grèce à Rome, le flambeau de la civilisation a passé, depuis des siècles, aux mains de la France où il brille d'un éclat toujours nouveau.

A l'époque même où la France semblait sommeiller, le génie de ses penseurs et de ses écrivains préparait cette grande révolution de 89, qui a complété celle du christianisme, en faisant entrer dans les lois et le gouvernement les principes de l'égalité des hommes et de l'émancipation des peuples.

De cette révolution date une ère nouvelle, non-seulement pour la France, mais pour les autres nations qui en adoptent successivement les doctrines politiques et sociales.

La France n'a pas eu seulement le mérite de révéler au monde ces doctrines et de les mettre la première en pratique, elle eut encore la gloire de les défendre contre les ennemis du dedans et du dehors, contre les forces coalisées de toute l'Europe.

La lutte fut longue et terrible; mais, à force d'héroïsme dans les apôtres et les soldats de la foi nouvelle, la révolution triompha.

Elle dépassa souvent le but; de coupables ambitieux, des esprits faux ou pervers l'entraînèrent à de criminels excès.

Ces excès auraient peut-être compromis pour jamais ses conquêtes, si, au moment le plus critique, la France n'eût trouvé un homme, à la fois le plus grand guerrier et le plus habile législateur, qui sauva tout, en écrasant l'étranger, en arrachant la France aux partis, en y apaisant les haines, en la reconstituant dans cette admirable unité qui fait sa force, en la dotant de ce code immortel où tous les bons principes de la révolution sont formulés en lois.

Après avoir triomphé de l'Europe sur vingt champs de bataille, la France épuisée finit par succomber. Mais les principes qui s'échappaient des plis de son glorieux drapeau avaient fait leur chemin, et, quand ses ennemis la croyaient complétement abattue, ils s'aperçurent avec effroi qu'ils étaient soumis aux idées de la France plus encore qu'ils ne l'avaient été à sa terrible épée.

———

Depuis lors, ces idées n'ont cessé de se répandre dans le monde.

Si les défaites de la France semblent arrêter leur marche, ce n'est qu'une halte momentanée. Du jour où cette glorieuse nation aura retrouvé sa voie, sous la conduite d'une main habile et ferme, on la verra se relever plus puissante qu'auparavant.

Toute son histoire est là pour dire qu'elle ne s'est jamais montrée plus grande qu'au lendemain de ses malheurs.

V

LA PATRIE

—

La patrie de l'homme est le pays où il est né et la nation dont il fait partie.

La patrie est pour nous plus qu'un père et qu'une mère, plus qu'un frère et qu'une sœur, plus que nos enfants, plus que nos amis les plus chers, plus que notre existence et nos biens : car elle est à la fois tout cela.

C'est la demeure qui nous a vus naître, l'église qui nous a reçus chrétiens, l'école qui nous a instruits, le cimetière où dorment nos ancêtres ; c'est la terre qui nous porte et que nous cultivons ; ce sont les animaux et les plantes qui nous servent et nous nourrissent.

Nos lois, nos croyances, nos mœurs, la langue que nous parlons et ceux qui la parlent avec nous, jusqu'à l'atmosphère qui nous enveloppe, jusqu'à la lumière qui nous éclaire, jusqu'à la couleur de notre ciel : tout cela c'est la patrie.

Aussi ne faut-il pas s'étonner si, de tous les sentiments du cœur humain, l'amour de la patrie est en même temps le plus profond et le plus énergique, le plus capable d'inspirer un dévouement sans bornes.

—

Ce sentiment est universel. Malgré la diversité de leur race, de leurs habitudes, de leur climat, tous les peuples ont quelque chose de commun : le patriotisme.

C'est le lien qui unit entre eux tous les membres d'une même nation et les relient au sol ; qui attache le Lapon et le Groenlandais aux régions glacées du nord, comme l'Asiatique à ses riantes contrées ; le sauvage à sa hutte, le pauvre à sa chaumière, comme le riche à ses somptueuses demeures.

—

Le patriotisme se développe dans le cœur de l'homme en proportion de la grandeur et de la gloire de sa patrie, des avantages qu'elle lui procure, des peines qu'elle lui coûte et des dangers qui la menacent.

Plus une nation s'est illustrée dans l'histoire par sa puissance et son génie, plus ses enfants sont fiers de lui appartenir, et plus elle leur est chère.

Il en est de même de celle dont les institutions, les lois, le gouvernement répondent le mieux aux besoins de chacun et protégent le plus efficacement la liberté et les droits de tous. Les peuples les plus libres sont aussi les plus patriotes.

L'esclave n'a point de patrie.

La douceur du climat, la beauté du ciel, la fécondité du sol n'ajoutent cependant rien au patriotisme ; au contraire, c'est sous le ciel le plus rude et sur la terre la plus ingrate, dont l'homme ne tire qu'à force de labeurs une nourriture grossière, que ce noble sentiment se montre plus énergique et plus vif.

Dieu, sans doute, l'a ainsi voulu pour que l'espèce humaine se répandît sur toutes les parties du globe, les

écondât par le travail et pût jouir des produits si divers
de chacune d'elles.

Dans les circonstances ordinaires, quand la paix règne
au dedans et au dehors, le patriotisme semble sommeiller
dans les âmes ; il n'éclate avec toute sa puissance que
devant les outrages de l'étranger et dans la mêlée des ba-
tailles. C'est alors qu'il accomplit ces actes de sublime
héroïsme dont les peuples les plus célèbres de l'antiquité nous ont laissé de si nobles exemples, que nos
pères ont égalés, et que nous aurions surpassés dans la
dernièreguerre si les divisions politiques n'eussent para-
lysé nos bras et nos cœurs.

Une des plus belles gloires de la France a toujours été
le patriotisme de ses enfants.

Aujourd'hui, plus que jamais, elle a droit de compter
sur leur dévouement absolu ; car si elle n'a pas cessé
d'être la première des nations, elle n'a jamais été plus
humiliée, plus malheureuse.

VI

LES DROITS ET LES DEVOIRS

Les droits de l'homme sont inséparables de ses devoirs et ses devoirs de ses droits.

Les devoirs de l'homme sont ce qu'il *doit* faire ; ses
droits sont ce qui lui est *dû* pour accomplir ses devoirs.

Ses droits sont toujours en proportion de ses devoirs
et ses devoirs en proportion de ses droits.

Il n'y a de devoirs que pour celui qui peut les remplir :
« à l'impossible nul n'est tenu, » et, pour les remplir, il
faut, avant tout, les connaître.

L'homme n'est responsable de ses actes qu'à la double
condition de savoir ce qu'il fait et de pouvoir le faire ou
ne pas le faire, à sa volonté.

Plus l'homme est intelligent et puissant, plus il a de devoirs; et plus il a de devoirs, plus il doit avoir d'intelligence et de pouvoir pour les remplir.

Les plus hautes fonctions ne doivent appartenir qu'au plus haut mérite; malheureusement, le plus haut mérite ne se trouve pas toujours chez les plus ambitieux.

———

Tous les devoirs de l'homme se réduisent à deux : *faire le bien, éviter le mal.*

Qu'est-ce que le bien? Qu'est-ce que le mal?

Le *bien*, c'est l'*ordre*, et l'ordre consiste en ce que chaque chose soit à sa place, dans le monde moral et dans le monde physique,

Le *mal*, c'est le *désordre* qui consiste en ce que les choses matérielles ou morales ne sont pas à leur place.

Dieu a mis dans le monde physique et dans le monde moral un ordre admirable et l'y maintient par des lois constantes.

Le devoir de chacun de nous est de respecter cet ordre et d'y conformer sa conduite, en obéissant aux lois qui le régissent.

———

Pour connaître le bien et le mal, il suffit à l'homme de se trouver en présence de l'un et de l'autre, et d'écouter la voix de sa conscience. L'ordre nous plaît et nous attire; le désordre nous déplaît et nous repousse.

Si nous faisons le bien en nous conformant à l'ordre, notre conscience nous en félicite; si nous avons fait le mal en violant l'ordre, notre conscience nous le reproche.

La satisfaction qui suit le bien et le remords qui suit le mal sont de nouveaux moyens de distinguer l'un de l'autre.

Sans ses passions qu'il l'aveuglent et le poussent au mal, l'homme ne voudrait et ne ferait jamais que le bien.

———

Pour résister à ses passions, l'homme a besoin de toute la force de son âme. Cette force, appliquée avec constance à la pratique du bien, s'appelle la *vertu*, comme l'habitude de céder aux passions s'appelle le *vice*.

De même que l'habitude du bien fortifie l'âme et lui rend de plus en plus facile l'accomplissement de ses devoirs, de même l'habitude du mal affaiblit l'âme et lui rend de plus en plus difficile le retour au bien.

La vertu élève l'homme et l'ennoblit ; le vice le dégrade et l'abrutit.

Division des Devoirs.

Les devoirs de l'homme sont de trois sortes :
Il en a envers *Dieu,* envers *lui-même,* envers ses *semblables.*

VII

DEVOIRS ENVERS DIEU

—

Croire en Dieu, avoir confiance en lui, l'aimer, le prier, l'adorer, se soumettre à sa volonté en obéissant aux lois physiques et morales par lesquelles elle se révèle ; tels sont, en résumé, tous nos devoirs religieux.

Mais il ne suffit pas de les remplir en particulier et dans l'intérieur de notre conscience ; nous sommes tenus, en vertu de l'étroite union de l'âme et du corps, de les manifester par des actes extérieurs et par un *culte public,* que tous ceux qui partagent la même croyance célèbrent en commun.

Pour se maintenir, s'enseigner et se répandre, les religions ont besoin de représentants spéciaux, de ministres, qui doivent être d'autant plus respectables et respectés qu'ils représentent parmi les hommes le premier des souverains, le Roi des rois.

***

Les différentes manières dont les peuples ont compris leurs devoirs envers Dieu et les cérémonies différentes par lesquelles ils les ont publiquement exprimés, ont produit la diversité des religions qui ont été plus ou moins grossières, plus ou moins pures, selon les lieux, les temps et le degré de civilisation.

Tantôt les progrès religieux ont suivi ceux de l'humanité, comme chez les Grecs et les Romains, dont les croyances se sont épurées avec le développement des lumières; tantôt ils les ont précédés, comme chez les Juifs, les Mahométans, les nations barbares converties au christianisme, qui ont dû à la religion leur civilisation première.

***

Toutes les religions tendent à se fondre en une seule; celle dont les dogmes et la morale sont le plus conformes aux lois de la raison et aux caractères de la vérité.

Sous ce double point de vue, le christianisme l'emporte tellement sur les autres qu'il doit bientôt les absorber toutes.

***

Où trouver, en effet, un ensemble de dogmes plus rationnel et un code de morale plus pur que dans l'Evangile?

Un Dieu unique, créateur, régulateur et rédempteur du monde, qui s'y manifeste à la fois par sa *puissance*, sa *sagesse*, son *amour*, c'est-à-dire par les trois personnes qui constituent sa *trinité;*

Qui a daigné s'incarner dans le sein d'une vierge, modèle accompli de toutes qualités, de toutes les vertus de la femme;

Qui a vécu parmi les hommes pour leur apprendre, par son exemple, à pratiquer leur devoir dans toutes les circonstances de la vie ; à supporter le travail, la pauvreté, la souffrance ;

Qui les a aimés au point de mourir dans les plus cruelles tortures pour les racheter de l'erreur et du mal, pour les ramener dans la voie de la vérité et du bien ;

Qui leur a enseigné que la vie présente n'est que le commencement d'une vie immortelle, où les bons et les méchants seront traités chacun selon ses mérites ;

Qui a résumé tous les préceptes de la morale dans ce commandement suprême : « Aimez-vous les uns les autres ; »

Qui a particulièrement aimé les petits, les pauvres, les malheureux, leur promettant, en compensation de leurs souffrances ici-bas, les joies infinies de son paradis.

Tels sont, en somme, les articles de foi et les règles de conduite de la religion du Christ.

Les plus profonds philosophes de l'antiquité et des temps modernes n'ont rien découvert qui approchât de cette doctrine sublime.

Une société organisée sur ces principes serait le modèle des sociétés humaines.

C'est surtout la religion des masses. Pourquoi faut-il que les ambitieux qui les exploitent s'efforcent de les en détourner? Que mettront-ils à la place des divins enseignements du Crucifié?

Le christianisme a eu ses déchirements, ses schismes dont les deux plus considérables subsistent encore; celui qui a séparé l'Eglise d'Orient de celle d'Occident, et le Protestantisme qui, en vertu du libre examen sur lequel il s'appuie, finira par se diviser en autant de sectes qu'il a d'adhérents.

Toutes ses sectes disparaîtront bientôt. Le catholicisme seul surnagera parmi les débris de tous les autres cultes, parce que seul il a conservé la condition fondamentale de toute religion; cette *unité* de doctrine qui *relie* à la fois les hommes entr'eux et avec la Divinité.

Dé même qu'il n'y a qu'un Dieu dans les cieux; il n'y aura donc bientôt qu'une seule religion sur la terre.

Loin d'avoir à craindre le progrès des lumières, comme on l'en accuse, le catholicisme doit s'y associer résolûment; car c'est ce progrès qui lui prépare, pour un avenir rapproché, l'empire universel sur les âmes.

VIII

DEVOIRS DE L'HOMME ENVERS LUI-MÊME

—

Le premier devoir de l'homme envers lui-même est de *conserver* son être, c'est-dire tous les organes de son corps et toutes les facultés de son âme.

Le second est de les *développer* et de les *perfectionner*, en proportion de leur importance et du besoin qu'il en a.

—

Pour conserver son être, il suffit à l'homme, comme aux autres animaux, de satisfaire ses besoins naturels et d'écouter son instinct qui l'avertit de ce qui peut lui être utile ou nuisible.

Deux stimulants puissants excitent l'homme à satisfaire ses besoins : d'une part, la *peine* qu'il ressent quand ils parlent et ne sont pas satisfaits; de l'autre, le *plaisir* qu'il éprouve en les satisfaisant.

Les facultés de l'âme ont leurs besoins et leurs stimulants comme les organes du corps.

La sensibilité a besoin d'*aimer*, et son stimulant est dans le plaisir qui accompagne la satisfaction de ce besoin.

L'intelligence a besoin de *connaître*, et son stimulant est dans le plaisir de la curiosité satisfaite.

L'activité a besoin d'*agir*, et son stimulant est dans le

plaisir qui accompagne tout exercice de la puissance physique ou morale.

____

.Tant que l'homme se borne, ainsi que les animaux, à satisfaire ses besoins dans les limites que la nature leur a fixées, il reste dans l'ordre; il n'en sort, il ne fait mal qu'en les satisfaisant outre mesure, ou en se créant des besoins *factices*.

Ce qui pousse l'homme à se créer des besoins factices, c'est précisément le plaisir attaché à la satisfaction de ses besoins naturels.

Pour renouveler ce plaisir, il surexcite ses besoins et les satisfait plus souvent que la nature ne l'exige ; il détourne ainsi tel organe ou telle faculté de leur destination légitime, et, une fois lancé sur la pente de l'excès, il ne s'arrête plus.

Il en résulte, soit le développement exagéré de l'organe ou de la faculté dont il a abusé, soit, ce qui arrive souvent, leur affaiblissement plus ou moins rapide qui aboutit à leur épuisement.

Alors l'harmonie que Dieu a mise dans tous les éléments qui constituent l'homme est rompue. Le désordre et le mal ont remplacé l'ordre et le bien.

____

C'est ainsi qu'au lieu de se borner à manger pour rassasier sa faim et à boire pour étancher sa soif, l'homme mange pour flatter sa gourmandise et boit jusqu'à s'enivrer.

C'est ainsi qu'en poussant à l'excès le besoin d'aimer, si noble dans son principe et si important dans son but, l'homme se plonge dans de honteuses voluptés qui épuisent son corps en dégradant son âme.

Il n'est pas un vice qui ne résulte de l'abus d'un besoin naturel et de l'excès d'une jouissance légitime.

Tout ce que Dieu a mis en nous est bon ; le mal n'y pénètre que par suite de la faiblesse de notre volonté ou de la corruption de notre cœur.

____

Tous les organes du corps, toutes les faculté s de l'âm
sont également nécessaires. Si ces différents éléments
n'ont pas tous le même but, ni, par conséquent, la même
importance, il n'en est aucun qui ne remplisse une fonc-
tion spéciale, qui ne soit un rouage essentiel dans le
merveilleux mécanisme de notre être.

Le devoir de l'homme est donc de les conserver tous,
sans exception. Il ne lui est pas plus permis de sacrifier
son corps à son âme que son âme à son corps.

La perte ou l'affaiblissement d'un organe, d'une faculté, est une mutilation, une destruction partielle de l'être
humain, un commencement de suicide, qui, pour n'être
pas aussi grave que le suicide même, n'en est pas moins
une violation de la loi morale.

Le Suicide.

Rien n'est plus puissant chez l'homme que l'instinct
de sa conversation.

Pour qu'il en vienne à se détruire lui-même, il faut que
ses souffrances physiques ou morales soient portées jusqu'au désespoir, jusqu'à la folie ; ou que son âme épuisée
par le vice n'ait plus la force de supporter l'existence ;
ou que, saturée de jouissances et convaincue qu'elle n'est
au monde que pour jouir, elle ait pris la vie en suprême
dégoût ; ou que, corrompue par de fausses doctrines, elle
croie que la mort est la fin de tout.

Ou s'est demandé si le suicide est un acte de faiblesse
ou d'énerg‘e ?

Evidemment la faiblesse y domine.

S'il faut à l'homme une certaine dose de courage pour
se tuer, il en montrerait bien davantage en se raidissant
contre le malheur.

Celui qui succombe sous le fardeau est moins fort que
celui qui le porte résolûment jusqu'au bout.

Ce n'est donc pas sans raison que le suicide est généralement considéré comme une lâcheté.

Mais ce qui n'est pas douteux, c'est que le suicide est un crime.

L'homme ne s'est pas fait lui-même; il est l'œuvre de Dieu qui l'a mis au monde pour y accomplir une mission spéciale.

De quel droit ce soldat abandonne-t-il son poste et se permet-il de détruire une œuvre qui n'est pas la sienne?

Briser cette admirable organisation qui le constitue, faire disparaître un des éléments de l'harmonie universelle, n'est-ce pas mettre le désordre à la place de l'ordre, le mal à la place du bien ?

Que le suicide puisse invoquer, comme circonstance atténuante, l'excès du désespoir qu'il l'a fait commettre, cela se comprend ; mais pour être amoindrie, la culpabilité de l'acte n'en est pas moins incontestable.

Ainsi s'expliquent l'horreur instinctive qu'inspire le cadavre du suicidé, la flétrissure que lui ont infligée certains peuples et les châtiments que toutes les religions réservent à ceux qui se sont permis de rompre violemment l'union de leur âme avec leur corps, les liens sacrés qui les attachent à leur famille, à leur patrie, à l'humanité.

Ni la pauvreté, ni la maladie, ni la souffrance ne peuvent autoriser l'homme à quitter la vie. Son devoir est de rester à son poste jusqu'à ce que Dieu l'en relève, ne fût-ce que pour donner aux autres l'exemple de la résignation et leur offrir le moyen d'accomplir leur devoir d'assistance envers lui.

Le Duel.

Le duel est un suicide doublé d'un assassinat; car celui qui se bat en duel s'expose à tuer ou à être tué, et quelquefois à recevoir la mort en la donnant.

Ce double crime que la conscience, la raison, les lois religieuses et civiles réprouvent également, n'est qu'un reste de la barbarie du moyen âge.

L'opinion publique, qui l'entretient, l'aurait depuis longtemps fait disparaître comme ont disparu les combats de gladiateurs, si la vanité n'y avait sottement attaché ce qu'on appelle *le point d'honneur*, et un souvenir des combats entre les anciens preux.

———

Qu'un homme attaqué se défende et tue pour ne pas être tué; qu'un homme outragé se venge au moment même où il reçoit l'outrage, rien de plus naturel; mais la vengeance instantanée n'a rien de commun avec ces rencontres organisées froidement le lendemain de l'offense et où l'offensé est le plus souvent victime.

Les lois et les tribunaux ne sont-ils pas là pour punir les coupables? Et croit-on que l'éclat d'un duel soit moindre que celui d'un procès devant la justice?

———

Après le devoir de se conserver, l'homme a celui de se développer et de se perfectionner.

Les animaux ne se perfectionnent pas; ce qu'a été chacune de leurs espèces depuis le commencement, elle l'est encore et le sera toujours; l'oiseau fait son nid et l'abeille son rayon de miel comme ils les ont faits de tout temps.

A l'homme seul Dieu a donné le pouvoir et le devoir d'améliorer incessamment son être, d'ajouter chaque jour aux progrés de son espèce.

Aussi, quelle différence entre les nations civilisées et les hordes sauvages! Croirait-on que les unes et les autres appartiennent à la même race?

———

Les progrès de l'homme sont dus à l'*éducation*.

Ce mot signifie l'action constante par laquelle se développent et se perfectionnent tous les éléments qui constituent l'homme.

L'*éducation* dit plus que l'*instruction*.

En s'instruisant, l'homme ne développe que son intelligence, tandis que l'éducation embrasse tous ses organes aussi bien que toutes ses facultés: son objet est de former à la fois le corps, le cœur et l'esprit.

Ses deux grands moyens sont l'*exercice* et l'*exemple*.

L'*exercice physique*, qui fortifie les organes, les assouplit et en augmente la finesse.

L'*exercice intellectuel*, qui développe la mémoire, la science, la raison.

L'*exercice moral*, qui développe les sentiments du bien et du beau, qui fortifie la volonté en l'habituant à lutter contre les obstacles, à résister aux entraînements des passions.

L'éducation produit sur l'homme les mêmes résultats que la culture sur les arbres, que le ciseau du statuaire sur un bloc de marbre.

L'*exemple* exerce sur nous, principalement dans l'enfance, une action presque irrésistible ; la nature de l'homme le porte à imiter tout ce qu'il voit, tout ce qu'il entend.

De là, la nécessité d'écarter des yeux de la jeunesse les mauvais exemples; de là les anathèmes si justement lancés contre ceux *par qui le scandale arrive*, surtout contre les grands et les puissants, dont les scandales ont plus d'éclat et de retentissement.

———

Cependant, si l'éducation est plus étendue que l'instruction, l'instruction n'en est pas moins la base de toute éducation: savoir ce que l'on fait est la condition indispensable pour le bien faire.

Il est impossible à l'homme de diriger convenablement le développement de ses facultés et de celles des autres, s'il ne connaît ni le but à atteindre, ni les meilleurs moyens d'y arriver.

Tout homme peut s'instruire en observant attentivement ce qui se passe au dehors au moyen de ses organes, et en lui-même au moyen de sa conscience.

Mais l'instruction lui vient surtout de ses semblables; de ses parents d'abord, puis de ses maîtres, puis de ceux qui, vivant avec lui, lui communiquent incessamment leurs idées ; elle lui vient aussi, pour une bonne part, des générations qui l'ont précédé, et dont les découvertes ont été consignées dans les livres, dans les monuments qui les transmettent d'âge en âge aux générations suivantes.

Ainsi s'est formée cette masse de connaissances qui s'accroît sans cesse et qui est le patrimoine commun de l'humanité. Chaque individu a le droit et le devoir d'y puiser, soit directement, soit par l'intermédiaire de ceux qui sont chargés de l'instruire.

La propriété.

Pour satisfaire à ses besoins divers, l'homme est souvent obligé de recourir aux objets extérieurs, de s'en emparer, de les façonner, de se les *approprier*, en un mot, de les faire *siens*.

De là l'origine de la propriété, qui met dans les mains de l'homme de nouveaux instruments de puissance et agrandit sa personnalité.

———

Tous les produits de la terre : les animaux et les plantes, la terre elle-même, avec les minéraux et les métaux qu'elle renferme, peuvent devenir la propriété de l'homme, à la condition qu'ils n'appartiennent pas à d'autres et qu'il les ait rendus *siens* en les marquant de l'empreinte de son travail ou de son intelligence.

Le seul être dont l'homme ne puisse faire sa propriété, c'est son semblable. Tous les autres hommes ont les mêmes droits que lui. En se les appropriant il en ferait des *choses* et leur enlèverait leur qualité d'hommes. Aussi est-ce avec raison qu'aujourd'hui l'esclavage est considéré comme un crime presque égal à l'assassinat.

————

Parmi les objets que l'homme s'approprie, les uns servent à le nourir, d'autres à le vêtir ou à l'abriter, d'autres à le défendre, d'autres enfin à l'instruire ou à lui plaire.

Une fois qu'ils sont à lui, il peut en disposer à sa guise; les donner, les échanger, les vendre, ou les léguer après sa mort aux êtres qui lui sont chers, particulièrement à ses enfants qui perpétuent sa race, son nom, sa mémoire, souvent ses œuvres.

Mais les droits de l'homme sur les êtres de la nature ne vont pas jusqu'à l'abus. Il peut s'en servir pour ses besoins, non pour ses caprices.

Les animaux, surtout, ont droit au respect de leur organisation, de leur sensibilité, de leur vie. Les tuer ou les faire souffrir sans nécessité, c'est violer l'ordre et faire le mal.

————

Les lois sur la propriété et sa transmission ont varié selon le genre de vie et le degré de civilisation des peuples; mais, nulle part, dans aucun temps, le droit à la propriété n'a été contesté que par ceux qui ne peuvent ni l'acquérir ni la conserver.

Ce droit n'a pas de limite ; cependant, si la justice ne s'oppose point à l'accroissement des richesses, la raison s'accorde avec la religion, pour obliger tout homme qui en possède plus que le nécessaire, de venir en aide à ceux qui en sont privés : le *superflu* des riches, dit l'Ecriture Sainte, est le *patrimoine* des pauvres.

————

Comme tous les appétits de l'homme, souvent l'amour de la propriété est porté à l'excès et dégénère en passion. Au lieu d'amasser pour subvenir à ses besoins et à ceux de sa famille, il entasse pour le seul plaisir d'entasser.

C'est principalement au signe représentatif de toute propriété, c'est-à-dire à l'or et à l'argent, qu'il s'attache. Il finit par aimer ces métaux pour eux-mêmes et non pour les avantages et les jouissances qu'ils peuvent lui procurer. Il tombe dans l'*avarice*, le plus hideux des sept péchés capitaux.

IX

DROITS ET DEVOIRS DANS LA FAMILLE

—

Le premier élément et la première forme de toute société, c'est la famille.

La famille se compose, d'abord, de l'homme et de la femme, puis de leurs enfants, puis des enfants de leurs enfants.

L'homme et la femme sont faits l'un pour l'autre et se complètent réciproquement.

Ce sont les deux moitiés du genre humain, qui ne subsiste et ne se multiplie que par leur union.

Entre l'homme et la femme il y a des différences d'organisation, de goûts, d'aptitudes ; de là, la diversité de leurs fonctions et de leurs devoirs dans la famille. Mais ils se ressemblent par les facultés de l'âme, qui sont les mêmes dans la femme que chez l'homme ; de là l'égalité des droits de l'un et de l'autre.

Généralement l'homme l'emporte sur la femme par la vigueur des muscles, l'énergie de la volonté, la rectitude et le calme de la raison ; ce qui le place naturellement à la tête de la famille.

Si, par exception, cette supériorité se trouve chez la femme, les rôles sont intervertis; elle commande, l'homme obéit, et les lois n'y peuvent rien.

———

Mais la supériorité relative qui fait de l'homme le chef naturel de la famille, ne l'en fait pas le maître. La faiblesse de la femme, loin de diminuer ses droits vis-à-vis de l'homme, les augmente, au contraire.

Plus l'homme est fort, plus il a de devoirs à remplir envers les êtres faibles qui lui sont unis; envers sa femme et ses enfants, ainsi qu'envers ses parents qui, dans leur vieillesse, ont droit à recevoir de lui les mêmes soins qu'il en a reçus dans son enfance.

———

Les devoirs de la femme résultent des qualités et des ap'itudes dont elle est douée.

Ce qui distingue particulièrement la femme, c'est la tendresse, c'est le tact, c'est l'aptitude à tous les détails de la vie, aux innombrables petits soins qu'exigent les enfants ; c'est le dévouement de tous les instants à ceux qui lui sont chers.

Mais son plus bel apanage est cette pudeur qui l'enveloppe comme d'un voile sacré pour protéger contre toute souillure le sanctuaire de la famille.

———

L'union de l'homme et de la femme s'accomplit dans le mariage. Cet acte, par lequel ils se donnent réciproquement l'un à l'autre, est le plus important de leur vie.

Le lien du mariage consiste dans le serment de *fidélité* et d'*assistance mutuelle* que se prêtent les époux, au nom de la loi qui le sanctionne, en présence du magistrat qui le constate, devant Dieu qui le bénit.

Les formalités qui entourent cet acte ont surtout pour objet l'intérêt des faibles: celui de la femme et des enfants.

Le mariage est la base de la famille : hors du mariage, l'union de l'homme et de la femme n'est qu'un concubinage, aussi humiliant pour la femme que funeste aux enfants.

Le mariage est indissoluble. Cependant, lorsque, pour des motifs très-graves, deux époux ne peuvent plus rester unis, la loi civile, chez plusieurs peuples, les autorise à *divorcer*, c'est-à-dire à rompre leur union et à reprendre chacun la liberté de sa personne.

Il en était ainsi en France sous la première République et sous le premier Empire.

Sous la Restauration, le législateur, plus frappé des inconvénients du divorce que de ses avantages, voulant aussi se conformer aux doctrines de l'Eglise, qui ne permet pas la dissolution du mariage, a supprimé le divorce.

Aujourd'hui la loi autorise les époux à se séparer *de corps et de biens*, mais elle leur défend de contracter de nouvelles unions.

Les parents doivent à leurs enfants, d'abord, tous les soins qu'exige le premier âge; puis une éducation et une instruction en rapport avec la position qu'ils sont appelés à occuper dans la société, puis enfin les bons exemples.

De leur côté, les enfants doivent à leurs parents la reconnaissance et la soumission. Quant à l'affection et au respect, ce sont des sentiments qui ne se commandent pas, mais qui naissent spontanément du cœur des enfants bien élevés envers les parents qui ont su les leur inspirer.

X

DROITS ET DEVOIRS DE L'HOMME
DANS LA SOCIÉTÉ

—

L'état social n'a d'autre but que de permettre aux hommes de s'entr'aider dans l'accomplissement de leurs devoirs et dans la jouissance de leurs droits.

Pour que les hommes puissent remplir leurs devoirs et jouir de leurs droits, deux conditions sont indispensables : la première est qu'ils soient *libres*, la seconde, qu'ils le soient tous *également*.

Les deux bases fondamentales de la société sont donc : la *liberté* des membres qui la composent et l'*égalité* entre tous.

La Liberté.

Dans son sens absolu, la liberté est la faculté de penser, de dire et de faire tout ce qu'on veut.

La liberté se compose de deux éléments distincts : l'intelligence et la volonté ; l'intelligence qui conçoit ce qu'il faut faire et la volonté qui l'exécute.

La volonté est une force aveugle, tant qu'elle n'est pas guidée par l'intelligence qui seule possède la lumière.

La liberté est d'autant plus complète que l'intelligence est plus éclairée et que la volonté lui est plus soumise.

—

Malheureusement, la volonté ne dépend pas seulement de l'intelligence ; elle est aussi sous l'influence des instincts et des passions qui sont aveugles comme elle, et qui la poussent souvent hors des voies de la raison. Que d'hommes éminents par le talent sont esclaves de tous les vices !

Il en a été ainsi de tout temps. Un ancien n'a-t-il pas dit : « Je vois le bien, je sais qu'il faut l'accomplir ; cependant, je fais le mal ! »

Pour qu'il soit vraiment libre, l'homme doit donc être aussi indépendant de lui-même que de ses semblables.

L'esclave de ses passions est bientôt l'esclave des passions des autres.

Aussi est-ce dans la corruption des mœurs et dans l'gnorance des masses que les ambitieux de tous les temps, de tous les partis ont trouvé les plus dociles instruments et les plus fermes appuis de leur domination.

La liberté est l'essence même de l'homme ; c'est elle qui constitue sa personnalité et sa responsabilité ; c'est elle qui le distingue de toute autre créature, en un mot, qui le fait homme.

Voilà pourquoi les meilleures institutions politiques et sociales sont celles qui, tout en sauvegardant l'ordre et le respect de l'autorité, contribuent le plus au développement de la liberté humaine, et les pires de toutes, celles qui lui imposent le plus d'entraves.

Limites de la Liberté.

Il faut distinguer entre une faculté et le droit d'en user.

La liberté de l'homme n'aurait d'autres limites que celles de sa puissance, si, en sa qualité d'être moral, il n'était soumis à la grande loi du *bien* et du *mal*, qui lui prescrit de pratiquer l'un et d'éviter l'autre, et s'il ne vivait dans la société d'hommes semblables à lui, dont il doit respecter la liberté comme ils sont tenus de respecter la sienne.

Le *droit* de l'homme est donc limité par son *devoir*, sa liberté par celle des autres.

Les droits et les devoirs de la liberté sont inscrits, d'abord, dans la loi morale que la conscience révèle à chaque homme ; puis, dans les lois humaines qui développent la loi morale en l'appliquant aux diverses circonstances de la vie civile et politique, et qui ne sont légitimes qu'à la condition d'être conformes à cette règle suprême.

Toute loi humaine opposée aux principes de la morale éternelle, doit être rayée du code des nations.

La loi morale est la même pour tous les hommes ; les lois humaines doivent donc être également les mêmes pour tous.

Une législation qui permet aux uns ce qu'elle défend aux autres, qui impose à ceux-ci des obligations dont elle dispense ceux-là, ou qui accorde à une partie des membres d'une société des droits, des avantages qu'elle refuse à l'autre partie, est une législation de privilége, par conséquent d'iniquité.

L'égalité devant la loi est la condition fondamentale de la liberté.

Division de la Liberté.

La liberté est une, mais elle prend différents noms, selon les divers objets auxquels elle s'applique : de là, sa division en liberté *religieuse*, liberté *civile*, liberté *politique*.

Liberté religieuse.

La liberté religieuse consiste dans le droit égal pour tous de choisir entre les différentes religions établies, de s'en faire une nouvelle, même de n'en reconnaître aucune.

Elle implique également le droit pour chaque individu de pratiquer par le culte extérieur la religion préférée, de parler et d'agir en sa faveur, pourvu qu'il respecte la même liberté chez les autres.

Toute loi humaine qui impose une religion quelconque est attentatoire à la liberté. Elle ne peut statuer que sur les rapports des hommes entre eux : ceux qu'ils ont avec Dieu ne sont pas de son domaine, à moins qu'il ne s'agisse de doctrines dangereuses pour la société, ou de cérémonies extérieures qui troubleraient l'ordre public.

Il ne peut donc y avoir aucune religion d'Etat; mais il y a souvent, dans un Etat, des religions diverses auxquelles il doit une égale protection.

Dans les anciens temps, la religion et l'Etat étaient souvent confondus.

Il en est encore ainsi en Asie, même en Europe où l'on voit, chez des peuples chrétiens, le chef de l'Etat réunir le pouvoir politique à la suprématie religieuse, comme en Russie, en Angleterre et dans d'autres nations protestantes.

Cette confusion a disparu chez les peuples catholiques. La religion y a son chef indépendant des souverains, qui le sont, à leur tour, du chef de la religion.

La polique n'a pas à se mêler des choses religieuses, pas plus que la religion ne doit se mêler de la politique.

Ainsi que l'a dit, en excellents termes, un vénérable prélat français à son clergé:

« Le prêtre est éminemment l'homme de tous; la croix qui est son drapeau, n'a point de couleur; sa charte à lui, c'est l'Evangile; il n'a d'autres intérêts à défendre que les intérêts de l'Eglise; la houlette pastorale ne lui a pas été donnée pour soutenir des pouvoirs toujours fragiles, mais pour conduire les âmes à Dieu. »

Ce sont ces sages doctrines qui ont permis aux peuples catholiques de fonder chez eux la véritable liberté religieuse.

Liberté civile.

La liberté civile est celle du *citoyen*, et il n'y a de citoyens que dans les Etats libres.

Elle consiste dans le droit de parler et d'agir, d'aller et de venir, de disposer de sa personne et de ses biens selon sa volonté, dans les limites tracées par les lois.

Ces lois, en France, sont résumées dans le Code Napoléon, qui est le monument le plus complet et le plus parfait de la législation civile.

Le salut de l'Etat exige quelquefois des mesures particulières qui restreignent et même suspendent momentanément la liberté individuelle; mais cela n'arrive que dans des circonstances exceptionnelles et passagères.

Aussitôt que le danger public a cessé, les mesures restrictives ou suspensives doivent également disparaître.

Devant la loi civile, il n'y a ni grands ni petits, ni riches ni pauvres, ni nobles ni roturiers; il n'y a que des hommes de même nature, qui, par conséquent, doivent être tous soumis aux mêmes règles, supporter les mêmes charges et pouvoir aspirer aux mêmes avantages.

Les priviléges de race et de classe ne sont fondés que sur l'ignorance et la faiblesse des uns, sur la force et l'habileté des autres; ils sont également réprouvés par le droit et le bon sens.

Ainsi, dans l'ordre civil comme dans l'ordre religieux, la condition essentielle de la liberté est l'égalité.

Cette condition n'est pas moins nécessaire à la liberté politique.

Liberté politique.

La liberté politique est le droit, pour tous les citoyens d'un état, de concourir également à sa constitution, à ses lois, à son gouvernement.

Ceux qui n'ont pas ce droit ne sont pas des citoyens, mais les sujets de ceux qui l'ont, puisqu'ils sont forcés de se soumettre aux lois et règlements que ces derniers leur imposent.

Nul ne compte dans l'Etat, s'il ne peut y exprimer sa volonté et y exercer son action. Quand un seul a ce pouvoir, c'est avec raison qu'il peut dire : « L'Etat, c'est moi. »

On a, dans ces derniers temps, tellement abusé du titre de *citoyen*, qu'il en est devenu presque ridicule.

Cependant, nous n'en connaissons point de plus noble, de plus enviable.

Il appartient à tout Français majeur qui jouit de ses droits civils et politiques ; il n'est interdit qu'aux indignes, à ceux que la justice a flétris.

Autrefois, le titre de *citoyen romain* était le plus beau des titres : il en serait de même aujourdhui du titre de *citoyen français*, si ceux qui le font sonner le plus haut ne le déshonoraient souvent en le traînant dans le sang et dans la fange.

—

Il est impossible que tous les habitants d'un pays participent directement à la rédaction de sa constitution, à l'élaboration de ses lois, à l'administration de ses affaires ; ils ne peuvent y intervenir que par leurs représentants. Mais ceux-ci n'ont de mandat légitime qu'à la condition de le tenir du libre choix de leurs concitoyens.

Toute élection à une assemblée quelconque: constituante, législative, conseil général ou communal, qui serait le résultat de la corruption ou d'une pression sur la volonté des électeurs, est viciée dans son principe et nulle de plein droit.

—

Pour qu'une élection soit vraiment *libre*, il faut qu'elle soit en même temps *éclairée*.

Aussi ne doit-on appeler les masses à voter que sur les questions et sur les hommes qu'elles connaissent. L'État est tenu de ne rien négliger pour mettre tous les citoyens à même d'accomplir, avec intelligence, leurs devoirs politiques.

Savoir lire et écrire ne suffit pas et n'est pas toujours nécessaire. Il y a tels ouvriers, tels paysans, complétement illettrés, qui sont cent fois plus capables que les orateurs de clubs de raisonner et de voter sagement sur les questions d'intérêt public.

Charlemagne savait à peine signer son nom ; cela ne l'a pas empêché d'être le plus grand homme d'État de son temps.

XI

LA CONSTITUTION

—

La Constitution de l'État ne doit renfermer que les bases de son organisation et de sa législation sociale, politique et civile, la forme et les conditions fondamentales de son gouvernement.

Elle est d'autant meilleure qu'elle est plus courte et plus simple.

Une Constitution n'est pas toujours écrite et faite d'une seule pièce ; souvent elle consiste en un certain nombre de principes, établis successivement, consacrés par le temps et appropriés aux besoins, aux mœurs de la nation. Telle est la constitution de l'Angleterre, et ce n'est pas la moins solide.

Souvent aussi la Constitution est le résultat du travail d'un législateur ou d'une assemblée spéciale que le peuple charge de la rédiger. Cette sorte de Constitution n'est pas la plus durable ; les révolutions qui se succèdent en France, depuis la fin du dernier siècle, en sont la preuve.

Mais quelle que soit son origine, comme elle est l'acte le plus important de la souveraineté nationale, et que la souveraineté réside dans l'ensemble des citoyens, aucune Constitution n'est légitime sans leur consentement exprimé ou tacite.

Aussi toutes les nouvelles Constitutions des États libres sont-elles soumises, du moins dans leurs points fondamentaux, à l'acceptation du peuple, c'est-à-dire à un *plébiscite*.

Le Plébiscite.

Le plébiscite est l'expression de la volonté du peuple.

Ce mot nous vient des Romains, qui s'en servaient pour désigner les lois et les actes que le peuple avait votés.

Partout où le peuple est souverain, sa volonté fait loi; chacun est obligé de s'y soumettre.

Cette volonté ne connaît pas de limites; le peuple est maître de se donner les lois qu'il veut et de choisir, entre les différentes formes de gouvernement, monarchique ou républicain, celle qui lui paraît le plus conforme à ses goûts, à ses habitudes, à ses intérêts.

Sans doute, la génération présente n'a pas le droit d'engager les générations futures; mais les générations qui ne sont pas encore ne peuvent empêcher celles qui existent de s'engager elles-mêmes et de faire ce qui leur plaît.

D'ailleurs, les générations dans un peuple ne sont pas séparées de telle sorte que l'une finit quand l'autre commence; elles sont, au contraire, toutes entremêlées. A quelque époque qu'on prenne un peuple, il se compose d'enfants et de vieillards, de jeunes gens et d'hommes mûrs; tous les âges s'y trouvent confondus.

Le mot *peuple* n'a pas toujours signifié, comme aujourd'hui, la nation tout entière.

Sous l'ancien régime, le peuple se composait uniquement des classes pauvres et laborieuses qui, n'ayant aucun droit politique, ne comptaient pour rien dans l'État. Les classes supérieures : le clergé, la noblesse, la bourgeoisie, dont chacune avait ses priviléges, ne faisaient point partie du peuple.

La Révolution de 89 proclama, pour la première fois,

l'égalité de tous, sans distinction de dignités, de naissance, de fortune.

Mais cette égalité ne fut maintenue que dans l'ordre civil; dans l'ordre politique l'égalité dura peu.

La Restauration rendit à la fortune ses priviléges et le gouvernement de Juillet les lui conserva. Les riches seuls avaient alors le droit de participer à la rédaction des lois et à la conduite des affaires du pays; la masse de la nation en était exclue.

———

C'est la Révolution de 1848 qui, en proclamant le suffrage universel, le droit pour chaque citoyen, pauvre ou riche, d'élire et d'être élu, rétablit l'égalité politique.

Mais bientôt l'Assemblée législative mutila le suffrage universel, en le faisant dépendre de certaines conditions qui supprimaient près de la moitié des électeurs.

Cet acte de spoliation fut annulé par le prince que la volonté nationale avait placé à la tête de la République; Louis Napoléon rendit à tous les citoyens l'intégralité de leurs droits.

Depuis bientôt trente ans le suffrage universel a plusieurs fois fonctionné; il est entré dans les mœurs de la nation, et désormais aucune puissance ne serait capable de le supprimer ou seulement de le restreindre.

———

Ainsi, à partir de la Révolution de 89, la France jouit de l'égalité civile, et, grâce à la Révolution de 48 et à Napoléon III, elle est aujourd'hui en possession de l'égalité politique.

C'est par cette double égalité que le peuple français est véritablement souverain, c'est-à-dire maître absolu de ses destinées.

Nulle part, même dans les républiques les plus démocratiques, la masse de la nation n'est investie de droits aussi étendus, aussi complets.

La Législation.

Les lois ordinaires doivent découler de la même source que la Constitution.

Ces règles qui prescrivent à chaque citoyen ce qu'il doit faire ou ne pas faire dans les différentes circonstances de la vie, et qui édictent des peines contre ceux qui les enfreignent, n'ont d'autorité qu'à la condition d'être l'expression fidèle de la volonté nationale.

***

Le caractère essentiel d'une bonne législation est d'être *claire* et *simple*. Sous ce double rapport, notre Code est un modèle que toutes les nations nous envient.

Les lois que nos assemblées délibérantes y ont successivement ajoutées sont loin de cette clarté et de cette simplicité. Il y en a une telle multitude, et chacune d'elles est si longue, si compliquée, qu'aucun magistrat ni homme de loi n'est capable d'en embrasser l'ensemble, encore moins les détails.

De là tant de procès et de jugements contradictoires.

Le véritable esprit des lois semble avoir disparu de la France ; nos législateurs ont été remplacés par des casuistes.

***

Tous les citoyens ne peuvent être appelés à faire les lois ; mais tous doivent participer au choix des réprésentants chargés de les discuter, de les voter ou de les rejeter au nom du pays.

Celui qui fait les lois est le maître. C'est pour cela que le chef de l'État lui-même, à moins de circonstances exceptionnelles, n'est jamais investi du droit législatif tout entier.

Cependant les constitutions les plus libérales lui permettent d'y prendre part, personne n'étant mieux placé que lui pour connaître les besoins de la nation.

Généralement il prépare les lois avec ses ministres et ses conseillers ; il participe à leur discussion ; c'est lui qui les promulgue et qui les fait exécuter.

———

Dans la plupart des États constitutionnels, une part du pouvoir législatif est également attribuée à un corps politique qui, sous le titre de *sénat*, de chambre *haute* ou de chambre des *pairs*, est chargé de veiller au maintien de la Constitution, de réviser les lois votées par les représentants du peuple et de servir de modérateur entre ceux-ci et le chef du pouvoir exécutif.

Dans les nations aristocratiques, comme en Angleterre, en Allemagne, ce corps est généralement formé des hommes les plus illustres par la naissance, les plus influents par la fortune.

Chez un peuple démocratique comme la France, le sénat ne peut être composé que des hommes qui, par leur talent, leur expérience, l'éclat de leurs services, se recommandent à la confiance du chef de l'État et à celle du pays.

XII

LE GOUVERNEMENT.

—

La Constitution et les lois les plus parfaites seraient comme non avenues, si elle n'étaient pas exécutées. Le pouvoir *exécutif* n'est pas moins nécessaire que le pouvoir *législatif*.

Les citoyens d'un grand État sont encore moins capables de veiller à l'exécution des lois que de les rédiger ; il leur faut donc de nouveaux mandataires, un ou plusieurs, qui les remplacent dans cette tâche ainsi que dans tous les détails de l'administration publique ; il leur faut un *gouvernement*.

Le principe fameux « du gouvernement du pays par le pays » ne veut pas dire que tous les citoyens gouvernent. La preuve que le pays se croit incapable de se gouverner lui-même, c'est qu'aussitôt qu'un gouvernement est tombé, il s'empresse de s'en donner un autre.

Seulement le pays a toujours le droit d'imposer sa volonté à ses gouvernants et de contrôler leurs actes soit par lui-même, soit par ses mandataires.

Le premier devoir de tout gouvernement est de maintenir l'ordre et la tranquillité, sans quoi il n'y a ni sécurité, ni prospérité, ni liberté pour personne.

Pour accomplir ce devoir, le chef de l'État doit être investi d'une autorité d'autant plus puissante que les lois du pays sont plus libérales et que son organisation sociale est plus démocratique.

La démocratie et la liberté sont des forces tellement expansives que, sans un pouvoir capable de les contenir, elles auraient bientôt tout emporté et se perdraient elles-mêmes dans l'anarchie.

Ceux qui ne s'occupent que d'affaiblir le pouvoir au prétendu profit de la liberté, font comme le mécanicien qui diminuerait la résistance des parois de sa chaudière à mesure qu'il y développerait la puissance de la vapeur : l'explosion ne se ferait pas attendre.

Divisions administratives.

Pour faciliter la tâche du gouvernement, l'administration de la France a été divisée en un certain nombre de branches, dont chacune répond à un grand service public, et qui constituent les différents ministères: des *cultes* et de la *justice*, de *l'instruction*, de *l'agriculture*, du *commerce*, des *travaux publics*, de *l'intérieur*, des *affaires étrangères*, des *finances*, de *la guerre*, de *la marine*.

Et, pour que l'action administrative s'étendît à tous les citoyens, sur tous les points du pays, le territoire a été divisé, à son tour, en différentes circonscriptions, à la tête desquelles le gouvernement a placé des fonctionnaires pour le représenter et faire exécuter ses ordres.

Ce sont les *départements*, les *arrondissements*, les *cantons* et les *communes*, administrés par des préfets, des sous-préfets, des maires, qui sont entourés, comme le chef de l'État, de conseillers, chargés de contrôler leurs actes et de délibérer sur les intérêts de la circonscription.

La commune est le dernier fractionnement de la division administrative et territoriale. C'est l'unité indivisible qui forme la base de la nation et qui renferme, en petit, tous les éléments, tous les intérêts qui se trouvent en grand dans l'État.

Son premier magistrat, sous les titre de *maire*, est à la fois le chef de la commune et le représentant de l'autorité centrale. De là, pour lui, la nécessité d'être élu ou agréé en même temps par la commune et par le gouvernement.

Avant 89, la France, au lieu d'être divisé en départements, l'était en *provinces* beaucoup plus étendues, ayant chacune ses coutumes, ses priviléges, son administration particulière.

Pour constituer la grande unité nationale qui a fait la France si puissante, nos pères se sont crus obligés de morceler ces provinces et même d'en supprimer les noms.

Ce moyen radical a atteint son but, mais en le dépassant. Avec la division territoriale actuelle, les membres

du corps social sont trop faibles pour faire contre-poids
à la tête qui absorbe toutes les forces vives du pays.

De là, les graves inconvénients de cette centralisation
excessive dont se plaignent, avec raison, les meilleurs
esprits ; de là, le mouvement de l'opinion qui se prononce
chaque jour de plus en plus fortement en faveur de la
reconstitution d'un certain nombre de grands centres, qui
remplaceraient nos anciennes provinces et seraient, pour
les différents points de la France, autant de foyers d'activité et de vie, sans cesser d'être rattachées au pouvoir
central par des liens indissolubles.

Différentes formes de Gouvernement.

Il y a plusieurs formes de gouvernement. Elles varient
suivant les temps et les lieux, selon les besoins et le
degré de civilisation des peuples.

Mais toutes se réduisent à deux principales : la
MONARCHIE et la RÉPUBLIQUE.

Ce qui distingue la Monarchie de la République, ce
n'est pas que la première soit essentiellement le gouvernement d'un *seul*, et la seconde le gouvernement de
plusieurs.

Il y a eu dans l'antiquité, il y a encore dans certaines
contrées de l'Asie, des monarchies composées de deux
chefs se partageant le gouvernement.

De leur côté, la plupart des Républiques, comprenant
combien l'unité est nécessaire dans la direction des
affaires de l'État, se sont décidées à concentrer le gouvernement dans les mains d'un chef unique.

La différence entre ces deux formes ne consiste pas
non plus dans l'étendue du pouvoir de leurs chefs, ni
dans le degré de liberté que chacune d'elles garantit au
peuple.

La République a eu ses *dictateurs*, comme la Monarchie ses rois *absolus*, et la liberté n'a pas eu moins à
souffrir des uns que des autres.

Le *despotisme* a été, tour à tour, l'apanage de chacune de ces formes de gouvernement. De son côté, le bon sens, d'accord avec l'histoire, nous montre qu'un pouvoir fort est souvent plus nécessaire sous la République que sous la Monarchie.

Le signe distinctif de la Monarchie et de la République c'est que, dans la première, le droit de gouverner appartient à une famille, à une dynastie, où il se transmet par voie d'héritage et reste entre les mains de celui qui en est investi, jusqu'à sa mort; tandis que, dans la République, le pouvoir exécutif est conféré par l'élection et pour une période de temps déterminée.

En d'autres termes : dans la Monarchie le pouvoir est *héréditaire*, dans la République il est *électif*.

La Monarchie.

La Monarchie est *absolue* ou *tempérée*.

Dans la Monarchie *absolue* ou *despotique*, tous les pouvoirs et tous les droits sont réunis dans la main du *monarque*; sa volonté, souvent son caprice fait les lois, ses ministres les exécutent, la justice se rend en son nom, les impôts se règlent et se dépensent à son gré; la nation entière, hommes et choses, semble être la propriété d'un seul homme; en un mot : l'État c'est lui.

La Monarchie *tempérée* est ainsi appelée parce que le pouvoir y est limité par des *lois*, des *coutumes*, des *corporations* que la volonté du monarque est obligée de respecter.

Telle était la monarchie en France avant la première Révolution.

Quand la Monarchie est tempérée par des institutions fondamentales, par une *charte*, une *constitution* établie entre le monarque et la nation, le gouvernement prend le nom de *constitutionnel*.

Tel était le gouvernement en France dans les dernières années du règne de Louis XVI, sous la Restauration, sous la Monarchie de Juillet et sous les deux Empires.

Quant les droits du chef de l'Etat sont limités par ceux du parlement, d'une assemblée politique qui peut lui imposer des ministres ou renverser ceux qu'il a choisis, le gouvernement prend le titre de *parlementaire*, dont la devise est: « Le roi règne, mais ne gouverne pas. »

Alors les rôles sont intervertis ; le pouvoir exécutif est aux mains du Corps législatif, le Souverain n'est plus qu'un soliveau.

Cette forme de gouvernement, qui s'applique aussi bien à la République qu'à la Monarchie, n'est au fond que la destruction de tout gouvernement.

Elle a surtout fleuri dans les derniers temps de la Restauration, ainsi que sous le règne du roi Louis-Philippe et à la fin du second Empire : on en a vu les fruits.

La France lui doit trois révolutions et tous les désastres qui en ont été les suites.

Le parlementarisme ne sera pas moins fatal à la troisième République.

La République.

La République est *aristocratique* ou *démocratique*.

Dans la République aristocratique, le pouvoir de faire les lois et d'administrer les affaires publiques est attribué à un certain nombre de familles privilégiées par la naissance ou la fortune, qui ont tous les droits et sont *tout* dans l'Etat, tandis que le peuple n'y est *rien*.

Dans les Républiques démocratiques, au contraire, le peuple est *tout*, parceque tous, riches et pauvres, nobles et roturiers, font également partie du peuple.

Le peuple ne s'y borne pas à choisir les représentants qui doivent faire les lois en son nom, il désigne aussi le chef ou les chefs qui seront chargés de les exécuter et d'administrer ses affaires.

Les démocraties ne sont pas nécessairement en République; elles ont, au contraire, besoin d'un pouvoir fort et durable qu'il leur est difficile de trouver dans une forme de gouvernement dont la perpétuelle immobilité les jette, tour à tour, dans l'anarchie ou le despotisme.

Aucun gouvernement ne fut plus démocratique que l'empire des Césars chez les Romains, et que celui des Napoléons en France.

Aucun ne le fut moins que celui des République d'Italie au moyen âge, et de la Suisse avant la médiation de Napoléon Ier.

Différences entre la Monarchie et la République.

La République et la Monarchie ont chacune ses avantages et ses inconvénients, selon les temps, les lieux, les habitudes et le caractère des peuples.

La République semble plus favorable aux progrès; mais elle a contre elle la lutte incessante des partis et des ambitieux qui sont à leur tête, l'instabilité dans les personnes et dans les vues.

La Monarchie est plus propre au maintien de l'ordre, de la sécurité et, par suite, de la prospérité publique; mais elle tombe quelquefois dans l'engourdissement, le favoritisme et l'incapacité.

Généralement les peuples jeunes et aventureux, ainsi que les petits États, préfèrent la République; tandis que la Monarchie convient mieux aux grandes et vieilles nations, pour maintenir leurs traditions, leurs rapports avec les autres peuples, pour rattacher leur présent à leur passé et à leur avenir.

Aujourd'hui, d'ailleurs, les inconvénients du gouvernement monarchique sont de beaucoup atténués par l'intervention des représentants du pays dans la délibération des lois, par leur droit de voter l'impôt, de participer aux grandes mesures d'intérêt public et de contrôler tous les actes du pouvoir.

Ce serait s'abuser étrangement que de croire que la fameuse devise: *Liberté, égalité, fraternité*, appartient exclusivement à la République.

La *liberté :* n'est-elle pas d'autant plus grande que le pouvoir est plus à même de maintenir l'ordre et de protéger les droits de tous?

L'*égalité :* sauf le rang suprême que l'intérêt du pays a dû interdire à l'ambition des perturbateurs, est-ce que toutes les dignités, tous les emplois ne sont pas aussi bien ouverts à tous les citoyens sous une Monarchie que sous une République?

Quant à la *fraternité*, qui n'est autre chose que la charité chrétienne, a-t-elle jamais été aussi largement pratiquée sous la République que sous la Monarchie?

Sans évoquer les souvenirs de l'antiquité, interrogeons notre propre histoire. Est-ce sous la République de 93, lorsque la guillotine était en permanence ; est-ce sous celle de 1848, pendant les sanglantes journées de juin ; est-ce sous celle de 1871, au milieu des horreurs de la Commune, que la République a justifié sa belle devise?

Ne nous laissons pas abuser par des mots. République ou Monarchie, le meilleur gouvernement est celui qui garantit le mieux à l'ensemble des citoyens l'exercice de leurs droits et l'accomplissement de leurs devoirs, celui, par conséquent, dont l'autorité est à la fois la plus forte et la plus respectée.

Bossuet a dit, dans un beau langage, une grande vérité : « Où tout le monde peut faire ce qu'il veut, nul ne fait ce qu'il veut; où il n'y a pas de maître, tout le monde est maître; où tout le monde est maître, tout le monde est esclave. »

———

Le *pouvoir* est la condition fondamentale de la liberté; sans le pouvoir, il n'y a plus que l'anarchie.

Il est donc certain que les nations qui aspirent à être vraiment libres, doivent chercher d'abord, dans une forte organisation du pouvoir, de sérieuses garanties contre ce despotisme insupportable qu'on appelle la licence.

Ce n'est pas ce qu'on a fait en France : depuis longues années, on a cru que la liberté consistait dans la diminution et l'abaissement du pouvoir; par là, on est arrivé à ce triste résultat, que ni la liberté, ni le pouvoir n'ont été fondés.

———

Une Monarchie ne s'improvise pas; elle a sa base dans d'éclatants services rendus au pays. C'est la gloire qui la fonde, principalement la gloire militaire. Comme l'a dit le poëte :

Le premier qui fut roi fut un soldat heureux.

La Monarchie se maintient par le prestige du nom de son fondateur; elle dure tant que ses héritiers conservent ce prestige; elle tombe quand il a disparu.

Les dynasties ont leur grandeur et leur déclin. Tant qu'elles représentent les intérêts du peuple et répondent à ses besoins, elles restent à sa tête. Une surprise peut les renverser, mais la nation ne tarde pas à les rétablir.

Si, au contraire, elles ne répondent plus aux exigences de leur temps et aux sympathies de la nation, c'est en vain qu'elles essayent de remonter au trône; le trône n'est plus fait pour elles et la nation ne les connaît plus.

Notre histoire nous en fournit d'éclatants exemples.

———

. Mais, que le gouvernement soit monarchique ou républicain, le chef de l'Etat n'en est pas moins le mandataire du pays qui conserve le droit de lui retirer son mandat, s'il se montre incapable ou indigne de le remplir.

« La nation est souveraine, disait Napoléon en 1815, et il n'y a de souverain durable que celui qu'elle veut.»

Les constitutions ont beau le déclarer inviolable, sacré, le monarque est toujours responsable.

Quant Napoléon Ier reçut la couronne impériale des mains du peuple, il prononça devant le sénat ces mémorables paroles qui indiquent, à la fois, l'origine légitime de toute monarchie et les conditions de sa durée :

« Je soumets à la sanction du peuple la loi sur l'hérédité.

« J'espère que la France ne se repentira jamais des honneurs dont elle environne ma famille ; dans tous les cas, mon esprit ne sera plus avec ma postérité le jour où elle cesserait de mériter l'amour et la confiance de la grande nation.»

A son retour de l'île d'Elbe, Napoléon tenait le même langage :

« Les princes sont les premiers citoyens de l'Etat. Leur autorité est plus ou moins étendue selon l'intérêt des nations qu'ils gouvernent. La souveraineté elle-même n'est héréditaire que parce que l'intérêt des peuples l'exige ; hors de ces principes, je ne connais pas de légitimité. »

***

Dans toutes les constitutions monarchiques, le chef de l'Etat commande les armées de terre et de mer, déclare la guerre, fait les traités de paix.

Dans les Républiques, ces attributions sont partagées entre le chef de l'Etat et les représentants de la nation.

Mais, que le gouvernement soit républicain ou monarchique, le chef du pouvoir exécutif doit avoir le droit de nommer à toutes les fonctions, à tous les emplois.

Ne pouvant s'occuper lui-même des innombrables détails de l'administration, il a besoin d'auxiliaires qui le représentent et agissent en son nom dans les diverses branches du service public. Il lui faut des ministres, ayant sous leurs ordres d'autres fonctionnaires qui commandent à leur tour à des employés inférieurs, dont la série descend jusqu'aux dernières ramifications de l'organisation politique et civile.

Tous ces auxiliaires relèvent du chef suprême de l'État, qui est reponsable de leurs actes. S'il n'avait pas le droit de les nommer et de les révoquer, il ne pourrait compter sur leur concours, et l'anarchie serait en permanence dans l'administration, au grand détriment du pays.

Le Pouvoir judiciaire.

Le pouvoir auquel est confiée l'exécution des lois est également chargé de les appliquer dans les contestations entre les citoyens, et de réprimer, de punir ceux qui les méconnaissent ou les violent.

Cette mission est remplie, au nom du peuple ou du chef qui le représente, par le *jury* et par la *magistrature* à tous les degrés, depuis la justice de paix jusqu'à la cour suprême de cassation.

Le jury se compose de simples citoyens, choisis par le sort dans une liste dressée à l'avance, sur laquelle ne doivent figurer que des hommes probes et indépendants.

C'est devant le jury que sont portées les accusations de crimes ou de délits graves, pouvant entraîner pour les coupables la perte de la vie, de la liberté, de l'honneur.

Les jurés ne se prononcent que sur le fait même du crime ou du délit, et sur le degré de culpabilité de l'accusé.

Mais ils sont toujours assistés de magistrats qui, connaissant la loi, appliquent la peine qu'elle prononce contre le coupable.

Les contestations entre les citoyens et les délits peu graves sont jugés par les tribunaux.

—

L'inamovibilté des juges est la garantie de leur impartialité et de leur indépendance. Cependant, cette garantie serait plus complète, si leur nomination et leur avancement étaient astreints à certaines règles, dont l'absence n'est pas moins regrettable dans l'intérêt de la magistrature que dans celui du public.

—

On dit qu'en France la justice est *gratuite*. Rien n'y coûte plus cher.

Sans doute les juges sont payés par l'Etat; mais ces innombrables intermédiaires : huissiers, avoués, avocats, agréés, arbitres, experts, syndics, etc., par lesquels il faut passer pour arriver devant justice, sont payés par les particuliers et leur coûtent dix fois plus que toute la magistrature ne coûte au trésor public.

Aussi, avant le dernier Empire qui a institué l'assistance judiciaire gratuite, était-il impossible aux pauvres gens de revendiquer leurs droits devant les tribunaux.

Vainement a-t-on essayé de mettre la hache dans cette inextricable forêt d'abus. Le seul moyen d'y couper court serait de faire payer par l'Etat tous les officiers ministériels, en étendant à tout le monde l'assistance judiciaire, et de diminuer le nombre des procès, en les soumettant préalablement à l'examen gratuit de jurys d'arbitrage.

XIII

LIBERTÉS SECONDAIRES

—

La liberté *religieuse*, la liberté *civile*, la liberté *politique;* telles sont les libertés fondamentales dont la réunion, sous une autorité ferme et stable, forme l'idéal de l'organisation d'un peuple.

Toutes les autres libertés : d'*association*, de *réunion*, de *coalition*, la liberté *industrielle* et *commerciale*, la liberté même de la *presse*, ne sont que des instruments ou des conséquences des trois premières.

Liberté d'association.

Dans toute nation libre, les citoyens ont le droit de former entre eux des associations particulières pour un but déterminé, à la condition qu'elles ne soient contraires ni à l'ordre public, ni aux lois de l'Etat.

Les associations particulières peuvent se proposer :

Soit un but de *religion*, de *charité*, comme celui de la plupart des corporations religieuses qui se vouent à la prière, ou au soin des malades et des pauvres, ou à l'instruction de la jeunesse : ce sont les plus généreuses et les plus respectables ;

Soit un but de *secours mutuels*, pour venir en aide à leurs membres en cas d'accidents, de maladie ou de vieillesse ;

Soit un but d'*économie*, pour payer moins cher les objets nécessaires aux besoins de chacun ;

Soit un but de *spéculation*, pour fournir aux associés le moyen de tirer un parti plus avantageux de leur travail, de leur intelligence, de leurs capitaux, comme les sociétés coopératives et les compagnies industrielles et financières.

L'association est d'autant plus nécessaire aux hommes qu'ils sont personnellement plus faibles, plus ignorants, plus pauvres.

Aussi le droit d'association, bien qu'appartenant à tous, est-il particulièrement la ressource des classes laborieuses, l'instrument de leur émancipation, la condition première de l'amélioration de leur sort.

En mettant en commun leurs bras d'abord, leurs économies ensuite, les faibles et les pauvres parviennent peu à peu à se soustraire à la domination des riches et des forts, puis à se créer un capital qui leur permet de travailler exclusivement à leur profit.

De petits ruisseaux qui, isolés, se perdaient dans le sol, finissent, en se réunissant, par former des rivières et des fleuves.

L'Angleterre, l'Allemagne, la France même nous en offrent déjà de remarquables exemples.

L'association est donc le grand levier de la démocratie moderne. Si elle sait s'en servir avec intelligence et sagesse, elle y trouvera la solution, vainement cherchée jusqu'ici, du redoutable problème de la misère.

Mais pour que l'association ne s'épuise pas en d'inutiles tâtonnements, pour qu'elle devienne immédiatement féconde, il importe avant tout qu'elle détermine nettement son but ainsi que les moyens d'y arriver.

Le but de toute association de travailleurs est d'améliorer leur sort. Or, ils n'y parviendront jamais, s'ils ne respectent et les lois fondamentales de l'Etat et les droits des autres classes de la société.

Du moment qu'ils se jettent dans la politique révolutionnaire, ils ne sont plus que des instruments entre les mains des ambitieux qui, loin de rendre leur situation meilleure, ne font que l'aggraver.

L'expérience prouve que c'est aux époques et aux hommes d'ordre et de paix, et non aux hommes et aux époques de perturbation, que les masses populaires doivent presque tout ce qui s'est fait pour adoucir leurs souffrances et augmenter leur bien-être.

L'ordre et la sécurité ne sont pas moins nécessaires au travail qu'au capital; car, quand le capital se cache, le travail est impossible.

Le travail a besoin du capital qui seul peut l'alimenter. De son côté, le capital n'a pas moins besoin du travail, sans lequel il resterait improductif.

Ce sont deux puissances faites pour s'entendre, et c'est leur entente seule qui pourra clore la révolution sociale.

Mais leur entente n'est possible qu'à la condition que chacune des deux forces reconnaisse la valeur et les droits de l'autre.

Tant que le travail niera les droits du capital et menacera de le supprimer; tant que le capital ne verra dans le travail qu'un instrument à son service et refusera de l'associer aux bénéfices qu'il en retire, la guerre continuera des deux côtés avec des chances de plus en plus désastreuses.

L'association du capital et du travail aurait pour résultat de rendre impossibles ces grèves qui sont encore plus fatales aux ouvriers qu'aux patrons.

Aujourd'hui, l'ouvrier ne voit que son salaire, et le patron que ses bénéfices qu'il cherche à étendre le plus possible, souvent en diminuant le prix de la main-d'œuvre.

Si les ouvriers participaient aux bénéfices, ils ne seraient pas moins interressés que les patrons à les augmenter, en travaillant plus et mieux, en ménageant les instruments et la matière première qu'on leur confie.

Alors, plus de discussion ni sur les salaires, ni sur les heures de travail; plus de chômage, plus d'encombrement de produits, car ouvriers et patrons s'entendraient pour les maintenir en rapport avec la vente.

Liberté de coalition.

En attendant que cette entente du capital et du travail se réalise sur toute la ligne, comme elle a déjà si heureusement commencée dans quelques industries, il importait aux ouvriers de pouvoir se concerter entre eux pour débattre leurs intérêts, pour défendre leurs droits en présence de ceux de leurs patrons ; il fallait, en un mot, qu'ils pussent se *coaliser*.

Une des dernières lois de l'Empire leur en a donné la faculté qui, jusqu'alors, leur était interdite.

Mais cette faculté est une de celles dont il est le plus facile d'abuser.

Tant que les ouvriers seront aussi peu éclairés sur leurs véritables intérêts, tant qu'ils s'obstineront à mêler les questions politiques à celles du travail, le droit de se coaliser ne sera dans leurs mains qu'un instrument de ruine pour eux et pour la société.

La liberté de réunion.

La liberté de se coaliser et celle de s'associer supposent le droit de se réunir d'abord, pour s'expliquer et s'entendre.

En effet, le moyen le plus efficace de faire promptement cesser la guerre entre le travail et le capital, est d'éclairer les patrons et les ouvriers sur leurs intérêts réciproques : or, rien ne pourrait plus y contribuer que les *réunions*, où la cause des uns et des autres serait plaidée pacifiquement par des hommes compétents.

L'ignorance est la mère de toutes les erreurs, de tous les préjugés qui arrêtent le progrès de l'humanité. C'est par leur ignorance que les masses sont livrées, sans défense, à tous ces hâbleurs qui les flattent et les abusent pour les mieux exploiter.

Le développement de l'instruction et de l'éducation morale fera plus pour leur émancipation et leur bien-être que toutes les grèves et les émeutes.

L'ignorance des classes laborieuses a été le principal obstacle aux avantages qu'elles pouvaient retirer des droits de réunion et d'association. Jamais ces droits précieux n'auraient été contestés ni suspendus, sans les abus qui les ont dénaturés, sans les excès qui en ont fait des dangers pour l'ordre public.

C'est en transformant les réunions économiques en clubs révolutionnaires, et les associations en sociétés secrètes de conspirateurs, que l'on a obligé les gouvernements à les interdire ou à les enfermer dans des limites si étroites, qu'elles ne peuvent produire aucun résultat utile.

Pour éviter les inondations on a cru devoir supprimer les rivières.

Liberté industrielle et commerciale.

Toutes les libertés s'enchaînent; l'une appelle l'autre. Les libertés industrielle, agricole, commerciale, ne sont pas moins nécessaires que les libertés politiques.

Les lois qui prohibent dans un Etat l'exportation de ses produits au dehors ou l'importation chez lui des produits étrangers, ou qui frappent ces produits à leur entrée ou à leur sortie de taxes exagérées, violent à la fois les droits des producteurs et des consommateurs. Elles sont également contraires à la liberté et à l'égalité ; elles bouleversent l'ordre établi par Dieu lui-même.

En variant les produits du sol selon les climats, et ceux de l'industrie selon les aptitudes des peuples, la Providence a imposé aux nations la nécessité des échanges, afin d'établir entre elles ces relations incessantes d'où doivent sortir un jour l'union de tous les membres de la grande famille humaine et la paix universelle.

———

Les libertés industrielle, agricole et commerciale se résument dans la *liberté du travail*.

Les anciennes corporations ouvrières, qui divisaient les travailleurs en autant de classes et les enrôlaient sous autant de bannières qu'il y avait de métiers divers, avaient eu leur raison d'être.

Aux époques où l'État était trop faible ou trop absorbé par l'intérêt des hautes classes, pour protéger les déshérités de la fortune, ceux-ci avaient dû chercher dans l'association la force nécessaire pour défendre leurs droits.

Malheureusement, ils y avaient introduit ce qui existait alors partout; les priviléges hiérarchiques et la subordination absolue qui supprimait toute indépendance individuelle.

La Révolution de 89 a balayé les priviléges des corporations ouvrières, en même temps qu'elle balayait ceux de toutes les autres classes.

Aujourd'hui l'ouvrier est maître de son travail comme l'écrivain de sa plume, le propriétaire de son champ, le capitaliste de son argent; et ce qui restait encore de sa dépendance, de ses entraves d'autrefois, a disparu, dans les derniers temps de l'Empire, par la proclamation de l'égalité des ouvriers et des patrons devant la justice.

Liberté de la Presse

Le droit de chaque citoyen de publier ses opinions sur les faits qui se passent, sur les questions religieuses, politiques, sociales est aujourd'hui reconnu dans toutes les nations civilisées.

Pour quelques-uns, pour ceux que leur génie ou leurs travaux ont mis en possession de vérités utiles, c'est plus qu'un droit, c'est un devoir. La lumière ne doit pas rester sous le boisseau.

Mais comme l'exercice de ce droit peut faire courir des dangers à l'ordre public, il a été partout soumis à des lois plus ou moins restrictives, selon le caractère de chaque nation, la forme de son gouvernement, sa situation intérieure et extérieure.

Aucune liberté n'étant illimitée, celle de la presse, la plus dangereuse de toutes, ne saurait être sans limites.

Les droits et les devoirs de la presse sont tracés par le bon sens, comme ceux des autres libertés. La presse peut tout dire, pourvu qu'elle respecte la liberté, les principes sociaux et religieux, les droits des citoyens et ceux du gouvernement; en un mot, tout ce que les lois protégent.

La presse étant un instrument de publicité, ne peut parler que des personnes qui occupent des fonctions publiques et que des actes qui se rapportent à ces fonctions. Les simples particuliers ne sont pas de son ressort, et la vie privée, même celle des fonctionnaires, doit rester murée pour elle.

Le domaine naturel de la presse comprend les *faits* et la *discussion*.

Publier des faits faux ou dénaturer les vrais, c'est mentir au public, calomnier les individus ou l'Etat. Or, la calomnie et le mensonge n'ont jamais été des droits.

Publier des faits vrais, mais qui peuvent nuire soit à la fortune, soit à la réputation des individus ou des familles, soit aux intérêts de l'Etat, c'est attenter aux droits d'autrui, ou faire acte de mauvais citoyen.

Discuter, avec mauvaise foi, les questions religieuses, économiques, politiques, devant un public généralement incapable de juger par lui-même, c'est l'induire volontairement en erreur et abuser de sa confiance.

Attaquer, sans motif grave et dans un autre intérêt que celui du pays, la Constitution, les lois, le gouvernement qu'il s'est librement donné, c'est fouler aux pieds la volonté nationale, exciter à la perturbation de l'ordre établi; c'est commettre le crime de lèse-majesté populaire.

Pour tous les crimes et délits de la presse, la loi commune suffit ; mais elle ne doit pas être moins sévère que pour ceux qui se commettent par une autre voie.

Rien n'a été plus nuisible à la France que l'indulgence de la justice pour les écrivains coupables; rien de plus stupide, de plus anti-patriotique que les ovations qu'ils recevaient de la foule, au lieu d'un châtiment mérité.

État de la liberté en France.

Malgré les désastres de la dernière guerre, et les mesures anti-libérales du gouvernement révolutionnaire, la France est encore le pays du monde où toutes les libertés sont le plus largement établies.

La liberté religieuse y est sans limites.

Il en est de même de la liberté civile. L'esprit d'égalité est devenu, en quelque sorte, partie intégrante de la vie de la nation; tous, riches et pauvres, grands et petits, se courbent sans murmurer sous le niveau inflexible de la loi commune.

Avec le suffrage universel, la liberté politique est également absolue.

Chaque citoyen possède une part égale de la souveraineté nationale. La Constitution, les lois, la forme du gouvernement, tout cela émane ou doit émaner de sa volonté; il nomme ou doit nommer depuis le plus modeste conseiller municipal jusqu'au chef de l'Etat.

S'il a fait de mauvais choix, si les affaires publiques sont mal conduites, si certaines libertés sont suspendues ou restreintes, il ne peut s'en prendre qu'à lui-même.

Où trouver quelque part, dans les temps anciens et modernes, une liberté aussi complète?

XIV.

L'ÉGALITÉ.

La France doit à la Révolution de 89, au Code Napoléon et au Concordat, l'égalité *civile* et *religieuse*. La Révolution de 48 et Napoléon III lui ont donné, par le suffrage universel, l'égalité *politique*.

De cettre triple égalité résulte l'égalité *sociale* qui, réunie aux précédentes, met la France en possession de l'égalité absolue.

L'Égalité sociale.

Qu'est-ce, en effet que l'égalité sociale?

Ce n'est pas autre chose que l'égalité des devoirs et des droits sociaux.

Est-ce, comme des utopistes l'ont prétendu, l'égalité des positions, des fortunes?

Ce serait alors l'impossible et l'absurde.

Les hommes ne sont pas plus faits pour posséder la même fortune et occuper les mêmes positions que pour avoir la même figure, les mêmes aptitudes, les mêmes goûts.

Dans le corps humain, est-ce que tous les membres sont pareils et y remplissent les mêmes fonctions? Pourquoi en serait-il autrement dans le corps social?

On ne trouve pas dans les forêts deux feuilles qui se ressemblent; à plus forte raison ne trouverait-on pas dans l'humanité deux individus semblables en tous points.

Le monde moral, comme le monde physique, n'est composé que de diversités.

On ne peut rien contre les lois de la nature.

Ainsi, la suppression des priviléges et la proclamation de l'égalité civile et politique ont appelé un plus grand nombre d'hommes à participer aux avantages sociaux;

la misère a diminué, l'aisance s'est répandue ; mais, en ouvrant toutes les carrières à tous, l'égalité n'a pu cependant et ne pourra jamais donner à tous la même position.

Les systèmes inventés jusqu'ici par le socialisme radical pour arriver à un nivellement impossible, n'ont servi qu'à effrayer la nation par leur audace et à révolter le bon sens par leur injustice, par l'absurdité de leurs procédés.

A quoi peut aboutir le *partage égal* des biens?

Pour le juger, il suffirait de le mettre un instant en pratique ; dès le lendemain du partage, le prodigue aurait cédé sa part à l'homme rangé, et ce serait à recommencer.

Maintiendrait-on cette égalité des biens par la force, par des lois restrictives de la propriété ou, ce qui revient au même, par l'impôt *progressif* qui en arrête le développement?

En supposant qu'on l'essayât, qu'en résulterait-il?

Au travail, au progrès, succéderaient partout la paresse et l'immobilité, avec l'impuissance et l'ennui pour cortége.

L'humanité n'est pas faite pour s'arrêter ainsi, mais pour marcher toujours en avant. Elle y est conduite par les supériorités sociales et poussée par les classes inférieures qui veulent s'élever à leur tour.

Telle est la loi, contre laquelle aucune utopie égalitaire ne saurait prévaloir.

La mise en commun de toutes les propriétés, de tous les capitaux du pays n'est que le rêve d'un moine insensé qui voudrait transformer la nation en un immense couvent où tous les âges, tous les sexes, tous les caractères, tous les talents seraient forcés de se courber sous une règle uniforme, au mépris des lois fondamentales de la nature humaine.

L'amour de la propriété est un des sentiments les plus vifs, les plus enracinés dans le cœur de l'homme qui voit, avec raison, dans les biens qu'il possède, de nouveaux moyens de travail, de puissance et de bonheur.

———

La propriété en commun n'est plus la propriété.

Les forêts de l'État, ses casernes, ses palais, tous les bâtiments publics sont des propriétés communes à tous les citoyens ; quel intérêt leur inspirent-elles ? Le paysan leur préfère cent fois sa chaumière, parce qu'elle est à lui.

Ce qui appartient à tous n'appartient à personne.

L'abolition de la propriété individuelle est donc une des conceptions les plus extravagantes qui soient sorties d'un cerveau malade. Elle révolte à la fois la dignité et la liberté de l'homme, ses sentiments de justice et de famille, elle supprime le plus énergique stimulant de son activité et du progrès social.

Aussi cette doctrine n'a-t-elle de partisans que parmi ceux qui sont incapables de produire ou de conserver.

Où trouve-t-on, en effet, les *abolitionnistes* et les *partageurs*, si ce n'est dans les bas-fonds de la bêtise, de la paresse et du vice ?

———

Le principe fameux : « A chacun selon sa capacité, à chaque capacité selon ses œuvres, » a d'abord d'autant plus séduit les esprits vulgaires qu'il leur paraissait fondé sur la justice et répondait parfaitement à leurs appétits, à leur vanité. Quel est l'homme qui ne se place parmi les plus capables ?

La difficulté, ou plutôt l'impossibilité a été dans l'application. Tous prétendaient aux premiers rangs, personne ne se résignait aux positions inférieures. D'ailleurs qui distribuerait les rangs ? N'est-il pas plus simple et plus juste de laisser à chacun le droit de se faire sa place ?

———

Afin d'arriver à l'égalité absolue, des réformateurs non moins insensés proclament la nécessité d'une *liquidation sociale ;* et, par ces mots, ils entendent l'abolition de tous les droits existants, de toutes les propriétés mobilières et immobilières, sauf à les repartir ensuite d'une manière plus équitable.

Ils veulent d'abord faire table rase ; mais ils sont loin d'être d'accord sur ce qu'il mettront à la place du vieil édifice quand ils l'auront renversé.

La plupart, il est vrai, n'en savent rien et s'en inquiètent peu : détruire pour détruire, tel est leur unique but.

Parmi ceux qui s'occupent de réédification, il y a autant de systèmes, plus ou moins absurdes, que de têtes. En les entendant, on se croirait à la tour de Babel ou dans une assemblée d'échappés de Charenton.

Le seul moyen de réédifier serait encore de rétablir ce qui aurait été détruit.

Mais pourquoi renverser ce qui est, quand on n'a rien de mieux à y substituer?

———

Le problème de l'égalité sociale ne peut donc se résoudre ni par le renversement des principes fondamentaux de la société, ni par le nivellement des positions et des fortunes.

Mais pour arriver à sa solution, suffit-il de décréter l'égalité des droits et des devoirs entre tous les citoyens ? S'il en était ainsi, il y a longtemps que le problème serait résolu.

Depuis la suppression des priviléges et la proclamation de l'égalité civile, il n'est pas un soldat qui ne porte, comme on l'a dit, le bâton de maréchal dans son sac, et pas un fonctionnaire qui n'ait en perspective une préfecture ou un portefeuille de ministre.

Reste à savoir si les charges sociales sont toutes équitablement réparties, et si le droit d'arriver à tout est accompagné chez tous des mêmes moyens d'y parvenir?

Là est la véritable question.

———

XV

LES CHARGES SOCIALES

—

Les charges sociales se réduisent à deux : l'*impôt* et le *service militaire* qu'on appelle aussi l'*impôt du sang*, le plus lourd de tous.

Ces deux impôts sont également nécessaires.

L'État est chargé de services qui exigent des ressources proportionnées à leur importance.

La justice, les cultes, l'instruction publique à tous les degrés, l'administration intérieure dans toutes ses branches, les travaux publics, l'agriculture, l'industrie, le commerce, les relations extérieures; tous ces ces services coûtent de l'argent qui ne peut être demandé qu'à l'impôt.

L'État a besoin d'une marine pour protéger son commerce et faire respecter son pavillon; il a besoin d'une police pour surveiller les malfaiteurs, d'une force publique pour maintenir l'ordre à l'intérieur et d'une armée qui défende le pays contre l'étranger. Pour tout cela, il lui faut non-seulement de l'argent, mais encore des hommes que la nation seule peut fournir.

L'impôt

Si l'impôt est nécessaire, il n'est juste, légitime, qu'à la condition d'être rigoureusement proportionné aux services rendus par l'État et aux ressources de ceux qui le payent.

Le premier devoir des représentants qui votent l'impôt et du gouvernement qui le dépense, est donc de le renfermer strictement dans la limite des besoins de l'État.

Toute dépense inutile ou exagérée est un vol sur les contribuables. Ceux-ci sont tenus de pourvoir aux nécessités des services publics ; mais rien ne les oblige à payer le luxe des fonctionnaires ni à satisfaire les caprices des gouvernants.

Plus un État est considérable, plus il fait pour développer dans son sein la richesse, l'instruction, les arts, plus est important le rôle qu'il joue dans le monde, plus il est exposé aux attaques de l'étranger, plus aussi doivent être abondantes les ressources dont il dispose.

C'est pour cela que les impôts s'accroissent avec le développement de la civilisation et la grandeur des États, et qu'ils sont plus faibles chez les nations moins nombreuses ou moins civilisées.

La Suisse paye peu d'impôts. En France, il y a trois siècles, quinze millions suffisaient à l'administration publique. Sous Louis XIV, le budget atteignit trois cents millions ; aujourd'hui, il s'élève à trois milliards.

Tous, même les plus pauvres, sont tenus de payer l'impôt, car tous reçoivent de l'État une protection et des services qui ne peuvent se donner gratuitement.

Ceux-là seuls en sont exempts qui se trouvent privés, à la fois, de toute fortune et de tout moyen de travail.

C'est pour qu'il s'étende à tous et se répartisse sur un plus grand nombre d'objets, ce qui le rend moins lourd pour chacun, que l'impôt prend diverses formes et se divise en plusieurs classes.

Toutes ces classes reviennent à deux principales :

L'impôt *direct* et l'impôt *indirect*.

L'Impôt direct.

En France, l'impôt direct comprend :

L'impôt *foncier*, qui porte sur le sol cultivable.

L'impôt des *portes* et *fenêtres*, qui frappe sur les constructions diverses.

L'impôt *personnel* et *mobilier*, qui s'applique aux personnes et à l'ameublement de leurs habitations.

L'impôt des *patentes*, qui s'adresse aux industriels,

aux commerçants, aux médecins, aux avocats, à tous ceux qui exercent des fonctions privées, lucratives.

A ces quatre impôts directs, les seuls qui étaient connus en France depuis le commencement du siècle, on vient d'ajouter l'impôt sur le capital *mobilier*, représenté par les créances hypothécaires, les actions et obligations des chemins de fer, des canaux, des compagnies financières, industrielles et commerciales.

Si les rentes sur l'Etat en ont été exemptées, ce n'est que dans le but de ménager le crédit de la nation, dont elle a aujourd'hui plus besoin que jamais, et pour ne pas faire payer l'impôt par l'Etat lui-même.

Ces différents impôts directs sont autant de moyens d'atteindre le revenu qui, seul, leur offre une base légitime, puisque chaque contribuable ne doit être imposé qu'en proportion de ses ressources.

Ce qui distingue l'impôt *proportionnel* de l'impôt *progressif*, c'est que le premier s'accroît dans une proportion régulière avec le revenu, tandis que l'impôt progressif frappe arbitrairement le revenu aussitôt qu'il dépasse certaines limites.

Ainsi, par l'impôt proportionnel, un revenu de vingt mille francs ne paye que le double d'un revenu de dix mille, tandis que, par l'impôt progressif, le revenu de vingt mille francs peut être frappé quatre ou cinq fois plus que celui de dix mille; de telle sorte que, quand le revenu s'élève à un certain chiffre, il passe tout entier dans le trésor public.

Cet impôt progressif, qui n'a été imaginé par certains socialistes que pour arrêter le développement des fortunes particulières et arriver à les niveler toutes, est également réprouvé par l'équité, le bon sens et le progrès de l'humanité.

Décapiter la richesse est le plus mauvais moyen qu'on puisse imaginer pour supprimer la pauvreté.

Les impôts directs sont généralement mieux répartis en France que partout ailleurs; cependant, malgré les efforts qui ont été faits depuis le commencement du siècle pour arriver à une répartition parfaitement équitable, on n'y est point encore parvenu; il est même douteux qu'on y parvienne jamais.

Les revenus du sol varient avec les progrès de l'agriculture, l'établissement de nouvelles voies de communication et le genre de produits qu'on y cultive.

Il en est de même des bénéfices de l'industrie et du commerce, qui dépendent de tant de causes, souvent imprévues, qu'il est impossible de les fixer à l'avance.

De même aussi des bénéfices que donnent les capitaux engagés dans les diverses entreprises; les produits en sont si incertains que souvent, d'une année à l'autre, la ruine succède à la prospérité.

L'Impôt indirect.

Les impôts directs portent sur le *revenu*, les impôts indirects sur la *consommation*. Les premiers sont en proportion de la fortune, les autres en proportion de la quantité des objets consommés.

Nos législateurs, surtout depuis nos derniers désastres, se sont ingéniés pour atteindre par l'impôt tous les objets de consommation possible.

Ils ne se sont pas contentés d'augmenter la plupart des anciens impôts indirects : de l'enregistrement, des hypothèques, du timbre, des douanes, des octrois, des boissons, du sucre, du sel, des tabacs, des poudres, des cartes à jouer, des droits de transport, des droits do postes et de télégraphe; ils ont encore rétabli certains impôts que l'empire avait supprimés, et frappé des objets qui ne payaient rien.

———

Les impôts indirects ne sont ni moins nécessaires, ni moins légitimes que les impôts directs : les uns et l s autres sont exigés par les besoins de l'Etat.

4.

Cependant tous ne remplissent pas également les conditions qu'un impôt bien assis doit réunir.

La première, c'est d'être proportionné aux ressources de chacun ; autrement il violerait l'équité.

La seconde, de n'être pas exagéré ; autrement il rapporterait fort peu à l'Etat, et manquerait son but.

La troisième, de coûter le moins possible à percevoir.

La quatrième enfin, de n'être pas trop vexatoire pour ceux qui le payent.

————

En est-il ainsi de tous nos impôts indirects ?

Ces impôts se divisent en deux classes :

La première comprend ceux qui se confondent avec le prix de l'objet, de telle sorte que le consommateur les paye sans s'en apercevoir ; tels que les impôts sur le sel, les tabacs, la poudre, les cartes, les allumettes ; tous les objets dont l'Etat a le monopole.

A la seconde appartiennent les impôts qui se payent en dehors du prix de l'objet, et qui exigent l'intervention ou l'*exercice* d'agents spéciaux ; tels que l'impôt des douanes, celui des boissons, les taxes de l'octroi.

Les premiers se rapprochent des impôts directs : leur perception coûte peu à l'Etat ; ils lui rapportent beaucoup et ne vexent point les consommateurs.

Il n'en est pas de même des autres impôts indirects : s'ils rapportent à l'Etat, ils lui coûtent fort cher, à cause de la multitude d'employés chargés de les percevoir ; ils sont, en outre, tellement vexatoires pour la population, qu'à chaque révolution, son premier cri est pour demander qu'on les abolisse.

————

Ces sortes d'impôts ont d'autres inconvénients non moins graves.

C'est de pousser à la fraude qui, en falsifiant les produits, altère souvent la santé publique.

C'est de créer et d'entretenir cet ignoble métier de la contrebande qui, tout en pervertissant le sens moral dans ceux qui s'y livrent, ajoute souvent l'assassinat au

vol, et accoutume les classes laborieuses à croire que
spolier l'Etat n'est pas uu mal.

Puisque les impôts indirects sont indispensables, n'est-
il pas possible d'enlever à certains d'entre eux leur caractère vexatoire, en les remplaçant par d'autres impôts
qui frapperaient sur les mêmes objets sans froisser les
contribuables?

Ne peut-on faire en France ce qui se fait en Angleterre, en Amérique, en Belgique et dans d'autres Etats, où
les droits d'octroi sont remplacés par d'autres taxes, et
où l'impôt sur les boissons, quoique fort lourd, n'a rien
d'inquisitorial?

Le service militaire.

Malgré la haine stupide d'un certain parti contre ceux
qu'il appelle les *traîneurs de sabre* ; malgré les prédica-
tions intempestives des amis de la paix universelle, le
service militaire n'en est pas moins le plus noble de
tous, et la gloire des grands hommes de guerre la plus
éclatante de toutes les gloires.

Sans doute, il est triste, au dix-neuvième siècle de l'ère
chrétienne, de voir encore les peuples, qui sont tous frères, se ruer les uns sur les autres et s'entretuer comme
des bêtes féroces; mais, tant qu'il y aura à la tête des
nations des chefs qui mettront la *force* au-dessus du
droit, la plus sainte cause sera celle de la justice et la
plus sublime mission celle de ses défenseurs.

Ce qui élève le service militaire au-dessus de tous
les autres, c'est l'immensité des sacrifices qu'il impose.

Qu'exige en effet le pays de ses soldats? Rien moins
que le sacrifice de leur liberté, de leur vie même !

Il n'y a pas d'armée sans discipline et point de discipline sans l'obéissance passive à tous les chefs de la hié-
rarchie, depuis le premier jusqu'au dernier.

Comment une armée remplirait-elle son double de-
oir de défendre l'ordre contre les perturbateurs ·t

pays contre l'étranger, si les soldats n'étaient pas soumis aveuglément aux chefs; et comment les chefs obtiendraient-ils jusqu'au sacrifice de la vie des soldats, si ceux-ci avaient le droit de discuter les ordres et de refuser d'obéir?

La discipline est le seul lien qui fasse de l'armée une force. Si ce lien vient à se briser ou seulement à se rélâcher, l'armée n'est plus qu'une troupe en désordre, qui ne tarde pas à devenir le fléau et la honte du pays.

C'est l'épée de la nation brisée en morceaux, c'est son bouclier tombé en poussière.

Après le crime de donner à l'armée l'exemple de l'indiscipline, il n'en est pas de plus grand que celui de la lui prêcher. Les partis révolutionnaires ne s'en font pas faute; mais ce crime ne tarde pas à retomber sur leur tête.

Plus est lourd le fardeau du service militaire, plus il est nécessaire qu'il soit équitablement réparti.

Avant la nouvelle loi sur l'armée, tous les Français, agés de vingt ans accomplis, étaient divisés en deux classes : celle qui devait former le contingent et celle qui en était exempte.

Le sort, c'est-à-dire le juge le plus aveugle, décidait de ce classement.

Il y avait quelque chose de plus inique, de plus odieux encore ; parmi ceux que le sort avait désignés pour le service, les uns pouvaient aisément s'en dispenser, tandis que les autres ne le pouvaient pas ; et parmi les jeunes gens qui étaient condamnés à passer les plus belles années de leur vie sous les drapeaux, se trouvaient précisément ceux dont le travail était le plus nécessaire pour eux et pour leur famille.

Qu'importait à un riche de payer deux ou trois mille francs pour racheter son fils? Mais une pareille somme dépassait les moyens de l'ouvrier et du paysan.

L'impôt du sang était donc *obligatoire* pour les uns

et *facultatif* pour les autres ; l'égalité entre tous les citoyens se trouvait ainsi formellement violée.

———

L'ancien mode de recrutement de l'armée avait un inconvénient non moins grave : au lieu d'être composée des mêmes éléments que la nation, c'est-à-dire de riches et de pauvres, d'hommes instruits et d'ignorants, l'armée française ne comptait guère, surtout dans les rangs des soldats, que des paysans et des ouvriers, ou des jeunes gens que l'inconduite, la paresse, l'incapacité jetaient dans la carrière militaire comme dans un pis-aller.

Ce qui avait fait la supériorité de nos armées sous la République et sous le premier Empire, c'est qu'elles étaient composées des hommes valides de toutes les classes de la nation.

La Restauration et le gouvernement de Juillet, en permettant aux riches de se libérer avec de l'argent, avaient profondément altéré et la composition et l'esprit de notre armée.

Napoléon III avait voulu reconstituer la véritable armée nationale ; l'opposition ne l'a pas permis et a été ainsi la première cause de nos désastres.

———

D'après la nouvelle loi, le service militaire est obligatoire pour tous les Français sans exception, depuis l'âge de vingt ans jusqu'à quarante.

Ces vingt années de service se répartissent entre l'armée active, la réserve et l'armée territoriale.

Malheureusement la durée du service actif n'est pas la même pour tous, et c'est encore le sort qui en décide. Les mauvais numéros passent cinq ans sous les drapeaux, tandis que les bons n'y restent que deux ans.

La loi permet même aux jeunes gens qui ont acquis les connaissances suffisantes, de limiter leur service à une seule année, en s'enrôlant volontairement avant le tirage au sort.

———

La nouvelle loi a aussi maintenu les exemptions de service établies dans l'ancienne. Elles sont loin d'être toutes légitimes.

Il n'y a d'exemptions légitimes que pour vice de conformation et faiblesse de constitution ; que pour ceux qui ont des frères sous les drapeaux et pour les vrais soutiens de famille, c'est-à-dire les frères aînés d'orphelins, les fils aînés de veuves ou de pères âgés de plus de soixante-dix ans ; mais à la condition que ces pères, ces veuves, ces orphelins aient réellement besoin d'un soutien pour subvenir à leurs besoins.

S'ils sont riches ou seulement dans l'aisance, un soutien ne leur est pas nécessaire. Alors, de quel droit faire une exemption en leur faveur ?

La difficulté de distinguer exactement entre la pauvreté, l'aisance et la fortune, n'est pas une raison suffisante pour maintenir un injuste privilége.

On espérait que le nouveau mode de recrutement de l'armée supprimerait le tirage au sort ; cependant il a été maintenu.

Comment ce vieux reste des coutumes barbares du moyen âge a-t-il pu être conservé jusqu'à nous ? Il est difficile de se l'expliquer. N'est-il pas à la fois injuste et insensé de faire dépendre du hasard l'augmentation d'une charge aussi grave que celle du service militaire ; de mettre ainsi en loterie le sang de la jeunesse du pays ?

Est-ce qu'on tire au sort les autres impôts ?

Comment aussi accorder avec le principe de l'égalité la réduction du service à une seule année en faveur des engagés *volontaires* qui ont acquis les connaissances requises et peuvent payer une certaine somme à l'État ?

Cette clause n'est-elle pas exclusivement en faveur de la jeunesse qui a les moyens de s'instruire et de payer, et au détriment des pauvres qui ne les ont pas ?

La France a donc encore de sérieuses réformes à faire pour arriver à une répartition équitable des *charges sociales*. Elle n'en a pas moins pour établir l'égalité dans les *avantages sociaux*.

XVI

LES AVANTAGES SOCIAUX

—

Les avantages sociaux sont les moyens qu'une société met à la disposition de ses membres pour les aider à satisfaire aux besoins divers de leur *corps* et de leur *âme*.

Ces besoins se reduisent à deux : celui de se *conserver* et celui de se *développer*.

Dans un état social bien organisé, tout citoyen doit pouvoir conserver et développer sa personne, sa position, sa fortune.

A ceux qui sont riches ou dans l'aisance, l'État doit, d'abord, le maintien de l'ordre qui leur garantit la tranquille possession de ce qu'ils ont ; puis, quand il le peut sans nuire à l'intérêt général, des facilités, un concours qui leur permettent de l'améliorer.

Mais c'est à ceux qui n'ont rien pour vivre que leur travail, c'est aux pauvres et aux faibles que l'Etat doit plus spécialement son assistance, parce qu'ils en ont plus besoin.

D'ailleurs, en s'occupant d'améliorer leur sort, il travaille en même temps dans l'intérêt de ceux qui possèdent, car il prévient ces secousses révolutionnaires qui bouleversent aussi bien les fortunes particulières que les gouvernements.

Situation matérielle des masses.

Le premier besoin des classes laborieuses est de vivre, c'est-à-dire de conserver leur *corps* et leur *âme*.

Pour se conserver, le corps a besoin de se nourrir, de

se vêtir, de s'abriter, et l'âme, de connaissances élémentaires, de principes de morale et de religion, sans lesquels elle resterait dans l'abrutissement.

Ces moyens de conservation de l'âme et du corps sont d'une indispensable nécessité; le devoir le plus impérieux d'une société est donc de les mettre, autant qu'elle le peut, à la disposition de chacun de ses membres.

———

En est-il ainsi en France?

Bien que ce pays soit incontestablement celui de l'Europe où il y a le plus d'aisance et le moins de misère, il n'en est pas moins vrai que les difficultés de la vie matérielle y sont encore très-grandes pour les classes laborieuses et presque insurmontables pour la moitié la plus faible de l'humanité; pour la femme, quand elle est réduite à vivre de son travail.

Le pain quotidien n'est pas toujours assuré pour les ouvriers de l'industrie; il l'est bien moins encore pour l'ouvrière, qui se voit souvent forcée de le demander à son déshonneur.

Les enfants, la vieillesse, les maladies, le chômage viennent encore aggraver la situation des classes laborieuses.

———

Jadis, la religion était seule pour secourir tant de misères. Elle continue toujours sa noble mission, au moyen des œuvres de charité qu'elle multiplie sous toutes les formes; mais aujourd'hui l'État lui vient en aide par ses nombreux établissements d'assistance publique.

On est ainsi arrivé à soulager plus efficacement l'indigence, même à la diminuer notablement, sans pourtant la supprimer.

Mais l'on s'est demandé si c'est bien sous cette seule forme qu'il faut désormais continuer de la combattre, ou si, au moyen de certaines institutions, telles que les sociétés de secours mutuels, de coopération et d'assurances, qui exigent le concours des indigents et enlèvent à l'assistance ce qu'elle peut avoir encore d'humiliant pour eux, on ne parviendrait pas plus promptement et plus sûrement à faire disparaître la misère et à en rendre le retour à jamais impossible ?

Ce qu'il faut à l'indigence, ne sont pas seulement des aumônes qui la soulagent, mais des institutions qui la suppriment.

Situation morale des masses.

Quelque triste que soit l'état matériel d'une partie des classes laborieuses, leur situation intellectuelle et morale est plus déplorable encore.

Il y a trente ans, plus du tiers des hommes et de la moitié des femmes ne savaient ni lire ni écrire. Depuis quelques années l'instruction primaire s'est, il est vrai, considérablement développée; cependant elle est encore bien inférieure à ce qu'elle devrait et pourrait être. Il en est de même de l'instruction professionnelle.

D'ailleurs, la lecture et l'écriture ne sont pas l'instruction, mais seulement les moyens de l'acquérir.

A quoi sert de savoir lire, si on ne lit pas ou si on ne lit que des livres futiles et, qui pis est, des livres immoraux? La femme légère qui dévore un roman par jour en est-elle pour cela plus instruite ?

Ce qu'il faut au peuple, ce sont des leçons et des livres utiles au cœur comme à l'esprit; des leçons et des livres qui lui apprennent ce qu'il doit savoir pour remplir ses devoirs d'honnête homme et de citoyen, ainsi que ceux de sa profession.

L'immoralité fait chaque jour de nouveaux progrès, principalement dans les villes. Les classes ouvrières y sont poussées par toutes sortes de tentations, principalement par l'exemple des classes supérieures qui, au lieu de rougir de leurs vices et de les cacher, se font gloire de les étaler en public.

Là est la plaie la plus profonde, la plus dangereuse de notre état social. Qu'attendre d'un peuple voué à la corruption, chez lequel le vice accroît sans cesse les besoins, en même temps qu'il diminue les moyens d'y satisfaire ; le travail et l'économie?

Le vice a cela de caractéristique, qu'il consomme beaucoup, ne produit rien et rend incapable de produire.

Qui pourrait calculer les millions qu'il engloutit et le nombre des victimes, bien plus précieuses que l'argent, qui deviennent la proie de ce minotaure des temps modernes? Ce sont des hétacombes de jeunes filles qu'il faut au monstre pour l'assouvir.

Et que deviennent ces malheureuses, après que le besoin, la vanité, les passions, le luxe ou les mauvais exemples les lui ont livrées en pâture? La plupart n'ont d'autre perspective que la honte avec la misère, et, pour comble, l'abandon de leurs enfants. Elles n'ont même pas les joies de la maternité, ni ses nobles instincts qui, peut-être, les relèveraient !

Quant à ceux qui les ont flétries, la loi leur accorde la plus scandaleuse impunité. Ils ne doivent rien à ces pauvres femmes, rien aux enfants dont ils sont les pères. pas même le morceau de pain et la cruche d'eau qu'Agar, avec son fils, emporta dans le désert !

Est-ce que la législation restera toujours muette en présence d'une pareille iniquité?

C'est dans les grands centres d'industrie, surtout, que la jeunesse des deux sexes s'abâtardit et se flétrit. L'atelier devient ainsi un effroyable foyer de corruption, où les patrons sont quelquefois les premiers coupables.

La loi s'est occupée du sort des enfants dans les manufactures. Pourquoi n'a-t-elle rien fait pour protéger la jeune fille contre un danger bien plus redoutable que la perte de la santé?

Autrefois, toutes les classes de la société recevaient de la religion une éducation morale suffisante pour accomplir leurs devoirs particuliers et sociaux. Mais la religion n'a plus le même empire. C'est un malheur plus grand qu'on ne le pense; il n'en est que plus urgent de remédier à cette déplorable situation.

Le problème de la misère physique et morale s'impose aujourd'hui, plus fatalement que jamais, aux méditations de l'homme d'État et du législateur.

Il faut rendre cette justice à l'Empire que, s'il réprimait énergiquement les émeutes, il se préoccupait avant tout de les prévenir en améliorant, autant qu'il le pouvait, le sort des classes laborieuses.

Ce problème réclame une solution d'autant plus prompte, que le suffrage universel a donné aux masses une puissance qu'elles n'avaient point avant, et qu'avec la diffusion des lumières, le droit de réunion et de coalition, surtout avec les excitations des meneurs, il est à craindre qu'elles n'exigent, même par la force ce qu'on aurait hésité à leur accorder au nom de la justice ou de l'intérêt public.

Les progrès effrayants que font chaque jour certaines associations révolutionnaires et les sanglants excès de la Commune ne montrent-ils pas clairement le péril qu menace la société?

Il ne faut cependant pas que les classes laborieuses se fassent illusion sur ce qu'elles ont à attendre de l'État.

Celui-ci leur doit tout ce qu'il peut pour leur procurer du travail, faciliter leurs économies, les secourir dans les infirmités, les accidents, les maladies, la vieillesse; mais il ne leur doit que ce qui est en son pouvoir. C'est à elles de faire le reste.

D'abord, de ne pas entraver le gouvernement dans l'accomplissement de ses devoirs envers elles, ce qui leur arrive toutes les fois qu'elles troublent l'ordre public; ensuite, de l'aider à réaliser les mesures destinées à l'amélioration de leur sort.

C'est sur lui-même que l'ouvrier doit compter avant tout. Il n'y a ni gouvernement, ni système social qui puisse le dispenser du travail et d'une bonne conduite; aucune combinaison ne saurait le préserver des conséquences de sa paresse et de ses vices.

Le secours de la société ne peut et ne doit lui arriver

qu'après ses propres efforts : « Aide-toi, la société t'aidera ; » telle doit être désormais la devise du travailleur.

Ceux qui lui tiennent un autre langage sont des insensés ou des flatteurs, c'est-à-dire ses plus dangereux ennemis.

Le complément de l'Égalité sociale.

Si, malgré tout ce qu'elle a encore de défectueux, l'instruction primaire est aujourd'hui à la disposition de toutes les classes, l'instruction secondaire et l'instruction supérieure sont toujours le privilége de la fortune ; ce n'est qu'à de rares exceptions que les enfants du peuple arrivent à pouvoir en profiter.

Cependant l'instruction supérieure est à peu près le seul moyen de parvenir aux fonctions élevées de la société.

Pour être médecin, avocat, magistrat, avoué ou notaire, prêtre ou professeur, administrateur, député, conseiller d'État, ministre, ne faut-il pas avoir fait ses classes ? Les hauts grades dans l'armée et dans la marine ne sont-ils pas réservés, presque exclusivement, à ceux qui sortent des écoles ? Toutes les grandes industries, toutes les exploitations importantes ne s'empressent-elles pas, avec raison, de placer à leur tête des hommes qui ont reçu une instruction supérieure à celle du vulgaire ?

Tant que cette instruction ne sera pas mise à la portée de tous, l'égalité sociale ne sera pas complète. Que sert d'avoir proclamé l'égalité des droits aux avantages sociaux, si l'accès des plus enviables est interdite aux deshérités de la fortune ?

En s'associant entre eux et surtout avec le capital, en multipliant les sociétés coopératives, celles de crédit, d'assurance et de secours mutuels, les travailleurs finiront par supprimer la misère et parviendront à une cortaine aisance. Mais l'instruction supérieure peut seule leur ouvrir la porte des fonctions réservées aux riches.

L'État doit la mettre à la disposition de tous ceux qui, à la suite d'examens et de concours impartiaux au sortir des écoles primaires, seront reconnus les plus capables d'en profiter; autrement jamais la France ne jouira de l'égalité absolue.

Craindrait-on, par là, d'encombrer encore d'avantage les avenues des carrières libérales, et d'augmenter le nombre de ces êtres déclassés qui deviennent des piliers d'estaminets, des orateurs de clubs, des chefs d'émeute?

Mais on oublie que la plupart de ces déclassés sont ce qu'il y a de pire parmi les fruits secs des écoles, sous le rapport du talent, du travail et de la conduite.

L'instruction supérieure, mise à la portée des enfants les plus distingués de toutes les classes, ne peut avoir pour résultat de multiplier cette triste engeance; elle n'augmentera, au contraire, que le nombre des hommes vraiment capables de remplir dignement les principales fonctions publiques.

Et où serait le mal, si, au lieu d'être occupées par des médiocrités qui n'ont de titre que la faveur, ces fonctions pouvaient être, désormais, réservées au seul mérite?

Les médiocrités et les fruits secs des écoles, une fois convaincus que les carrières libérales leur sont fermées, se rejetteront vers d'autres débouchés. Comme ceux qui, malgré leurs capacités, n'ont pas le goût des emplois publics, ils trouveront dans l'agriculture, l'industrie, le commerce, la navigation, des carrières non moins honorables et plus lucratives.

Ce que fait la jeunesse allemande, anglaise, américaine, pourquoi la jeunesse française ne le ferait-elle pas?

N'est-il point aussi honorable de créer des chemins de fer, de percer des montagnes, d'enrichir son pays en échangeant ses produits avec ceux des autres nations, que d'être un médecin sans malades, un avocat sans causes, un écrivain sans talent, ou un professeur de barricades?

Il n'y a plus de vil métier, si ce n'est celui du paresseux, du malhonnête homme et du flatteur du peuple, « qui vit aux dépens de celui qui l'écoute. »

Nous aimons à croire que les principes religieux, politiques, sociaux, que nous venons d'exposer sommairement, ne sont pas moins conformes aux règles du bon sens qu'aux légitimes aspirations de la Démocratie moderne. Nous serions heureux si les honnêtes gens de tous les partis nous aidaient à les répandre.

TABLE DES MATIÈRES

Paris.—Imprimerie J. Rigal & Cⁱᵉ, passage du Caire, 56

L'ÉCONOMIE

DES MÉNAGES,

PAR LE PROFESSEUR D'ARCHITECTURE RURALE

OUVRAGE UTILE A TOUTES LES FAMILLES,

IN-4°. AVEC GRAVURES, PRIX, 3 LIV.

Au Bureau d'Architecure Rurale, rue du Fauxbourg Saint-Honoré, N°. 108; et chez VEZARD et LE NORMANT, Imprimeurs, rue des Prêtres-Saint-Germain, près le Louvre.

Avec le port dans toute la France, 3 livres 15 sols.

A PARIS.

M. D. CC. XCIII.

A   V   I   S.

Les ouvrages du Professeur d'Architecture rurale , pour la fabrication du pisé , la peinture à fresque, la distribution des maisons de campagne , l'économie des ménages et autres, étant actuellement au nombre de neuf cahiers, montent à la somme de 22 liv. 2 sols.

L'auteur se chargera des frais de port envers les personnes qui prendront la collection : ainsi il ne faut adresser au Bureau d'Architecture rurale que ladit somme de 22 liv. 2 sols.

Nota. *L'auteur ne fera plus fairb des modeles d'outils que pour ceux qui les commanderont : le prix de ces modeles, y compris le port et la boîte , est de 6 livres 18 sols.*

Voici l'adresse :

AU PROFESSEUR D'ARCHITECTURE RURALE , RUE DU FAUXBOURG SAINT-HONORÉ, N°. 108 , A PARIS.